晶硅电池及无损检测技术

Crystalline Silicon Photovoltaic Cell and Its Non-Destructive Testing Technology

王 月 著

本书数字资源

北 京

冶 金 工 业 出 版 社

2022

内 容 提 要

本书介绍了高效晶硅电池的制备工艺及晶硅电池无损检测技术，并以目前国内外可再生资源的大规模利用开发为研究背景，论述了晶硅电池的发展现状及发展趋势。书中介绍了晶硅电池的原理、分类及其制备技术，并通过系列实验介绍了高效晶硅电池制备工艺流程，结合硅电池表面处理及溅射减反射膜工艺，提高了电池的转换效率。同时介绍了无损检测技术，详细阐述了红外无损检测技术在硅电池检测中的应用，并采用两种锁相红外热成像技术对硅太阳能电池的缺陷进行了检测与分析。

本书可作为从事太阳能电池制备及检测行业研究人员的入门读物，也可作为本科生、硕士研究生学习太阳能电池、无损检测等入门课程的参考书。

图书在版编目(CIP)数据

晶硅电池及无损检测技术/王月著 . —北京：冶金工业出版社，2022.8
ISBN 978-7-5024-9222-9

Ⅰ.①晶… Ⅱ.①王… Ⅲ.①硅太阳能电池—无损检验 Ⅳ.①TM914.4

中国版本图书馆 CIP 数据核字(2022)第 137578 号

晶硅电池及无损检测技术

出版发行	冶金工业出版社		电　话	(010)64027926
地　址	北京市东城区嵩祝院北巷 39 号		邮　编	100009
网　址	www.mip1953.com		电子信箱	service@mip1953.com

责任编辑　于昕蕾　美术编辑　燕展疆　版式设计　郑小利
责任校对　李　娜　责任印制　李玉山
三河市双峰印刷装订有限公司印刷
2022 年 8 月第 1 版，2022 年 8 月第 1 次印刷
710mm×1000mm　1/16；11 印张；215 千字；166 页
定价 68.00 元

投稿电话　(010)64027932　投稿信箱　tougao@cnmip.com.cn
营销中心电话　(010)64044283
冶金工业出版社天猫旗舰店　yjgycbs.tmall.com
(本书如有印装质量问题，本社营销中心负责退换)

前　　言

在科技高速发展的大趋势下，开发和利用可再生清洁能源已成为各国能源战略中的重中之重。太阳能、风能、水能、核能、生物能等是人类现阶段已探明可大规模利用的清洁能源。众所周知，太阳能是一种取之不尽、用之不竭的清洁能源，储量巨大。太阳能作为一种高效、无污染、遍及全球的可再生资源，目前已逐渐被各行各业所接受。太阳能的应用对于缓解全球能源紧张状况、控制大气污染与全球温室化效应、提高各国人民的生活质量，具有非常重要的意义。

我国有丰富的太阳能源，光伏发电具有巨大的潜力。早在"七五"期间，非晶硅半导体的研究工作已经列入国家重大课题。在"八五"和"九五"期间，中国把研究开发的重点放在大面积太阳能电池等方面。过去十年，我国太阳能光伏电池组件和发电系统的制造成本下降了约90%。在技术进步和市场规模化发展的双重推动下，全球太阳能光伏发电的成本快速下降，光伏发电的电价在越来越多的国家和地区已经低于火电电价，成为经济上具有竞争力的电力产品。

晶体硅电池占据着绝大多数的市场份额，是光伏发电市场的主要产品。随着晶体硅太阳能电池技术日益成熟，其生产成本逐年走低，光电转化效率较高，电池各组件寿命长。目前技术生产的晶体硅太阳能电池的光电转换效率还有较大的提升空间，通过工艺上的改进来提高太阳能电池的光电转换效率仍然是光伏企业提高收益的主要手段。在太阳能电池的整体制备流程中，检测技术是必不可少的一环。而在太阳能电池的众多测试工艺中，缺陷检测技术扮演着重要的角色。

无损检测就是利用声、光、磁和电等辅助手段，在不损害或不影响被检对象使用性能的前提下，检测被检对象中是否存在缺陷或不均匀性，给出缺陷的大小、位置、性质和数量等信息，进而判定被检对象所处技术状态的所有技术手段的总称。红外热成像无损检测技术是一种基于热传导和红外辐射理论的快速、有效的无损检测技术，在材料表面缺陷的测试、表征方面有着较为突出的优势，并因其非接触、灵敏度高、空间分辨率高等优点，成为材料缺陷、损伤检测等方面检测的重要手段。因此，太阳能电池的无损检测采用红外热成像检测技术有着十分重要的研究意义。

本书内容涵盖了太阳能电池的基本原理、制备工艺及检测手段，介绍了非常规无损检测技术，并讨论了锁相红外无损检测技术在不同种类硅电池中的测试结果等内容。本书分为6章：第1章介绍了太阳能电池的研究背景，包括太阳能电池的发展现状以及新趋势；第2章介绍了晶硅电池的工作原理、分类，并详细介绍了新型高效晶硅电池的结构；第3章介绍了硅电池制备工艺及检测技术，从硅材料的制备技术延伸到了硅电池成品化后的检测工艺；第4章介绍了高效晶硅电池制备工艺实验，包括硅电池表面工艺处理和减反射膜的制备；第5章介绍了无损检测技术，针对非常规检测技术重点介绍了红外检测技术；第6章介绍了红外无损检测技术在硅电池检测中的应用，采用两种锁相红外热成像技术对硅太阳能电池的缺陷进行了检测与分析，同时还可通过检测电池样品表面温度随时间变化的图像来分析缺陷的特征，并进一步通过对振幅与相位的计算，确定缺陷的深度与尺寸。

本书在编写过程中参考了大量的著作和文献资料，无法全部列出，在此谨向作者致以谢意。

随着太阳能制造及检测技术的飞速发展，本书在编写过程中可能存在不足之处，同时书中的研究方法和结论也有待更新和更正。由于作者知识面、水平及掌握的资料有限，书中难免有不当之处，欢迎各位读者批评指正。

作　者
2022 年 4 月

目　　录

1 绪 论

能源是现代社会发展的动力与基石。进入 21 世纪后，随着全球经济的飞速发展，各国对能源的需求也与日俱增。与此同时，如何实现可持续发展也是人类面临的紧迫问题。化石能源的大量使用带来的全球变暖、大气污染等问题日益严重，这是人类实现人与自然和谐可持续发展进程中的重大挑战[1-2]。

不可再生的化石能源储量日益枯竭，英国石油公司（BP）在其发布的《BP世界能源统计年鉴》（第 70 版）（以下简称《年鉴》）中指出，2020 年是现代全球能源史上最为动荡的一年，全球新冠肺炎疫情对能源市场造成巨大的冲击，一次能源消费和因能源使用产生的碳排放量均创造了第二次世界大战以来的最大跌幅。可再生能源则继续保持强劲增长态势，风能和太阳能实现了有史以来的最大年增幅。随着多国加大应对气候变化力度、加速推动能源结构转型，可再生能源发电的竞争力将进一步增强，成为全球最重要的电力来源之一[3]。2021 年，联合国气候变化框架公约第二十六次大会（COP26）最重要的协议——《格拉斯哥气候协议》中，近 200 个国家的代表在修正版的《格拉斯哥气候协议》上签了字。根据联合国声明，各缔约方认可《巴黎协议》提出的"将气温上升控制在1.5℃之内"的目标，并承诺到 2030 年将全球二氧化碳排放量削减将近一半。作为 COP26 最突出的成果之一，各国还同意加快减排步伐，在 2022 年提出新的"国家自主决定贡献"（NDC）排放目标，并接受一年一度的审查，确认目标完成进度。尽管许多国家在 COP26 召开之前宣布了"净零排放"承诺，但拿出切实减排计划的却屈指可数。除了《格拉斯哥气候协议》，COP26 的其他成就也可圈可点。包括印度尼西亚、韩国、乌克兰等煤炭大户在内的 46 个国家，签署了《全球煤炭向清洁能源转型的声明》。其中，发达国家承诺在 2030 年之前逐步淘汰煤炭，发展中国家承诺在 2040 年前逐步淘汰煤炭；拥有 85% 森林面积的 100 多个国家承诺，到 2030 年之前阻止和逆转森林和土地退化的趋势，包括"地球绿肺"巴西；90 多个国家加入"全球甲烷承诺"，计划到 2030 年将甲烷排放减少至 2020 年的70%。此外，中国和美国关于加强气候行动的联合宣言，也成为本次 COP26 的高光时刻，在日益激烈的大国博弈和全球极化中释放了难得一见的积极信号。

在 2021 年 BP 公布的信息中一些主要数据相当引人注目。据估算，2020 年世界能源需求下降 4.5%，其中一次能源和二次能源需求均有所下降，全球能源使用造成的碳排放量则下降 6.3%，如图 1-1～图 1-3 所示。按照历史标准来看，此降幅巨大，是第二次世界大战以来能源需求和碳排放量的最大降幅。事实上，二氧化碳排放量减少20亿吨以上，这意味着去年的碳排放量已回归至2011年的

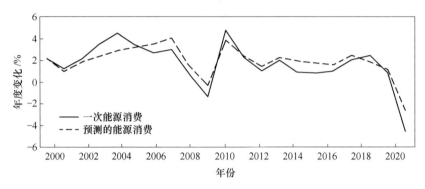

图1-1 2000~2020年全球一次能源需求状况

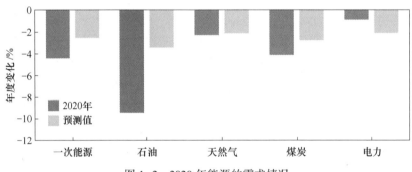

图1-2 2020年能源的需求情况

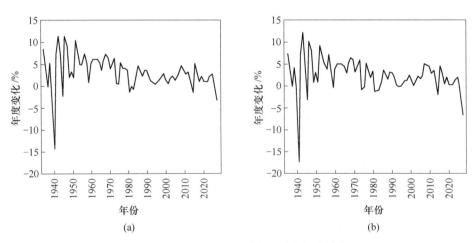

图1-3 1940~2020年全球能源需求与碳排放量

（a）一次能源消费；（b）能源使用产生的二氧化碳排放

水平。同样令人震惊的是，能源结构的碳强度（即使用每单位能源的平均碳排放量）下降了1.8%，也是第二次世界大战后最大降幅之一。原因是全球各地实施的封锁政策导致运输相关的需求锐减，石油需求空前崩盘。石油消费量的下降约占能源需求下降总量的3/4。天然气表现出较大韧性，主要得益于中国的持续强劲增长。

尽管2020年形势动荡，但以风能、太阳能为主的可再生能源仍实现了大幅增长。值得注意的是，去年风能和太阳能装机容量大幅增长238GW，比往年峰值高出50%。同样，风能和太阳能发电量在全球电力结构中的占比也创下新高，如图1-4所示。

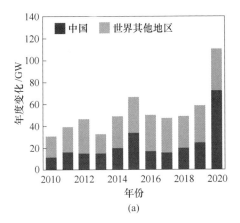
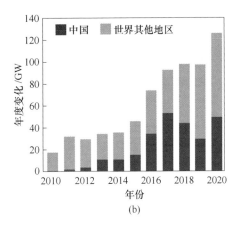

图1-4　世界其他地区及中国风能和太阳能装机容量
(a) 风能装机容量；(b) 太阳能装机容量

在科技高速发展的大趋势下，尽快开发和利用可再生清洁能源已成为各国能源战略中的重中之重。太阳能、风能、水能、核能、生物能等是人类现阶段已探明可大规模利用的清洁能源。众所周知，太阳能是一种取之不尽用之不竭的清洁能源，储量巨大。当前世界面临资源、环保、饥饿与贫穷的挑战，在寻求人类社会可持续发展的进程中，太阳能的利用逐渐得到各国政府的重视。德国气候变迁委员会预测，太阳能在未来的能源结构中所占比例将越来越大，到2100年可达到70%[3]。太阳能作为一种高效、无污染、遍及全球的可再生资源，目前已逐渐被各行各业所利用。这对缓解全球能源紧张状况、控制大气污染与全球温室化效应、提高各国人民的生活质量，具有非常重要的意义[4]。

据欧洲光伏工业协会EPIA预测，太阳能光伏发电在21世纪将会占据世界能源消费的重要席位（图1-5），不但要替代部分常规能源，而且将成为世界能源供应的主体。预计到2030年，可再生能源在总能源结构中将占到30%以上，而太阳能光伏发电在世界总电力供应中的占比也将达到10%以上；到2040年，可再生能源将占总能耗的50%以上，太阳能光伏发电将占总电力的20%以上；到21世纪末，可再生能源在能源结构中将占到 80% 以上，太阳能发电将占到 60% 以上[4-5]。这些数字足以显示出太阳能光伏产业的发展前景及其在能源领域重要的战略地位。

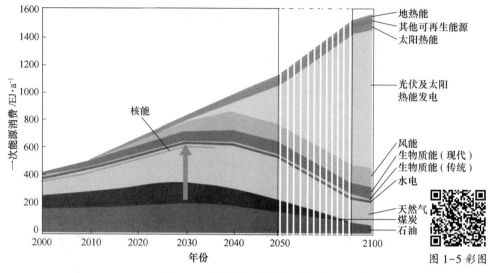

图 1-5　未来世界能源结构变化

　　地表的风能、水能、生物质能，地下的石油、天然气、煤炭等化石能源，从根本来说都是太阳的辐射能。广义上的太阳能范畴很大，狭义上的太阳能则基本分为太阳辐射能的光热、光电、光化学的直接转换[6-8]。太阳能光电转换技术是将太阳能通过光电转换器转换成电能，这就是被大家所熟知的光伏发电。从长远的观点看，太阳能作为新能源和可再生能源之一，因为清洁环保、永不衰竭的特点，受到世界各国的青睐。充分利用太阳能。对于替代常规能源、保护自然环境、促进经济可持续发展都具有极为重要的现实意义和深远的历史意义。

1.1　太阳能发展历程

1.1.1　早期的太阳能利用

　　人类利用太阳能已有 3000 多年的历史，但将太阳能作为能源和动力加以利用只有 300 多年的历史。近代对太阳能利用的历史可追溯到 1615 年法国工程师所罗门·德·考克斯在世界上发明第一台太阳能驱动的发动机。该发明是一台利用太阳能加热空气使其膨胀做功而抽水的机器。在 1615～1900 年，世界上研制成多种对太阳能利用的能源装置，这些装置几乎全部采用聚光方式采集阳光，发动机功率不大，工质主要是水蒸气，但价格昂贵，实用价值不大，其中大部分为太阳能爱好者个人研究制造[9]。

1.1.2 工业化太阳能的利用

在第二次世界大战结束后的 20 年中，一些有远见的人士已经注意到石油和天然气资源正在迅速减少，呼吁人们重视这一问题，从而逐渐推动了太阳能研究工作的恢复和开展，并且成立太阳能学术组织，举办相关学术交流和展览会，再次掀起了太阳能研究热潮。1952 年，法国国家研究中心在比利牛斯山东部建成一座功率为 50kW 的太阳炉。1960 年，美国佛罗里达建成世界上第一套用平板集热器供热的氨-水吸收式空调系统，制冷能力为 5 冷吨。1961 年，一台带有石英窗的斯特林发动机问世。在这一阶段里，太阳能基础理论和基础材料的研究得到了长足的进展，取得了如太阳选择性涂层和硅太阳电池等技术上的重大突破。同时平板集热器有了很大的发展，技术上也逐渐成熟[10-11]。

1.1.3 中国近代太阳能利用的兴起

1975 年，在河南安阳召开"全国第一次太阳能利用工作经验交流大会"，开启了我国太阳能事业的发展。这次会议之后，太阳能研究和推广工作纳入了我国政府计划，并设立了专项经费。一些大学和科研院所纷纷展开了太阳能的相关研究，设立了太阳能课题组，成立了研究室，并逐渐开始筹建太阳能研究所，在我国兴起了开发利用太阳能的热潮。

在全球倡导低碳经济的今天，太阳能作为一种清洁的可再生能源，越来越受到各国政府的重视。目前太阳能光伏发电的成本是燃煤的 11~18 倍，因此各国太阳能电池产业的发展大多依赖政府补贴，补贴的规模决定着该国太阳能电池产业的发展规模。在政府补贴力度上，以德国、西班牙、法国、美国、日本等发达国家投入最大。2008 年，西班牙推出了优厚的太阳能电池产业补贴政策，使其国内太阳能电池产业出现了爆发式发展，一度占据了世界太阳能电池产量的前三强。2009 年德国太阳能电池组件安装量高达 3200MW，占全球总安装量的 50.4%。在各国政府的大力支持下，太阳能电池产业得到了快速发展。2006~2009 年，全球太阳能电池产量的年均增长率为 60%。由于受到金融危机的影响，2009 年上半年太阳能电池产量的增速有所放缓，国家实施投资补贴，启动金太阳示范工程等项目，进行大型光伏电站特许权招标。随着下半年市场的复苏，全年太阳能电池产量达到了 10431MW，比 2008 年增长了 42.5%[12-14]。太阳能发电技术也逐渐成熟，成本逐步降低，太阳能电池产业得到了快速的发展。

2012 年，在美国的反倾销、反补贴政策影响下，我国太阳能产业发展受到重创，大量的企业面临破产倒闭。我国前期太阳能电池产业依靠出口来发展的模式受阻，为了扶持光伏产业，政府发布《太阳能发电发展"十二五"规划》《关于促进光伏产业健康发展的若干意见》（"国八条"）以及分布式光伏发电规模化应用示范区等措施，加大了国内市场上发展太阳能电池产业的支持力度，再加上该系统投资成本的降低，太阳能市场逐渐回暖。2016 年，国家发布《太阳能发电发展"十三五"规划》，制定了发展目标，即在 2020 年太阳能发电装机达到 1.1 亿千瓦以上，并大力支持鼓励自发自用分布式、屋顶分布式光伏产品，限制大型电站的建设，以此促进分布式太阳能电池产业的迅速发展。我国 2020 年太阳能多晶硅料产能占据全球 71.9%，达到 39.2 万吨。光伏电池及光伏组件产能全面领先于全球，分别达到 134.8GW 和 124.6GW。在全球光伏产业排名中，前 20 席位我国占据 15 个，具有绝对的规模优势和技术领先优势。

1.1.4 世界范围内开发利用太阳能热潮

20 世纪 70 年代兴起的开发利用太阳能热潮，进入 80 年代后不久开始落潮，逐渐进入低谷。世界上许多国家相继大幅度削减太阳能研究经费，其中美国最为突出。导致这种现象的主要原因是：世界石油价格大幅度回落，而太阳能产品价格居高不下，缺乏竞争力。同时，发展较快的核电技术对太阳能的发展也起到了一定的抑制作用。

由于大量燃烧矿物能源，造成了全球性的环境污染和生态破坏，对人类的生存和发展构成威胁。在这样背景下，1992 年联合国在巴西召开"世界环境与发展大会"，会议通过了《里约热内卢环境与发展宣言》。这次会议之后，世界各国加强了清洁能源技术的开发，将利用太阳能与环境保护结合在一起，使太阳能产业走出低谷。尽管如此，从总体来看，20 世纪取得的太阳能科技进步仍比以往任何一个世纪都大[15-17]。

1.1.5 开发利用太阳能已成为主流趋势

在生存环境破坏严重、能源日益紧缺的今天，如何开发环保能源已成为一个全球性话题。太阳能作为一种免费、清洁的能源，受到世界各国的重视，不断有大型太阳能电站涌现。目前世界上太阳能发电技术日趋成熟，2020 年太阳能发电量为 2611 亿千瓦·时，同比增长 16.6%。另外，从电源结构看，十年来我国传统化石能源发电装机比重持续下降，而新能源装机比重明显上升。2020 年火电装机比重较 2011 年下降了 15.7 个百分点，风电、太阳能发电装机比重则上升了近 20 个百分点，发电装机结构进一步优化。改善太阳能电池的性能，降低制造成本以及减少大规模生产对环境造成的影响是未来太阳能电池发展的主要方向。目前主流太阳能电池材料如下[18]：

（1）由于多晶硅和非晶硅薄膜电池具有较高的转换效率和相对较低的成本，将最终取代单晶硅电池，成为市场的主导产品；

（2）Ⅲ～Ⅴ族化合物及 CIS 等属于稀有元素，尽管转换效率很高，但从材料来源看，这类太阳能电池不可能占据主导地位；

（3）有机太阳能电池对光的吸收效率低，从而导致转换效率低；

（4）染料敏化纳米 TiO_2 薄膜太阳能电池的研究已取得喜人成就，但还存在如敏化剂的制备成本较高等问题。

目前多沿用液态电解质，但液态电解质存在易泄漏、电极易腐蚀、电池寿命短等缺陷，从而使得制备全固态太阳能电池成为一个必然方向。目前，大部分全固态太阳能电池光电转换率都不很理想。此外，纳米晶太阳能电池以其高效、低价、无污染的巨大优势挑战未来。我们相信，随着科技发展以及研究推进，纳米晶太阳能电池将拥有着广阔无限的应用前景。

1.1.6　太阳能电池发展进程

第一代太阳能电池：第一代太阳能电池包括单晶硅太阳能电池和多晶硅太阳能电池。从单晶硅太阳能电池发明开始到现在，尽管硅材料存在各种问题，但仍然是目前太阳能电池的主要材料，其比例占整个太阳能电池产量的 90% 以上。我国太阳能研究所（北京）从 20 世纪 90 年代起开始进行高效电池研究，采用倒金字塔表面织构化、发射区钝化、背场等技术，使单晶硅太阳能电池的效率达到了 19.8%。

第二代太阳能电池：第二代太阳能电池是基于薄膜材料的太阳能电池。薄膜技术所需的材料较晶体硅太阳能电池少得多，且易于实现大规模生产。薄膜电池主要有非晶硅薄膜电池、多晶硅薄膜电池、碲化镉以及铜铟硒薄膜电池。南开大学于 20 世纪 80 年代末开始了铜铟硒薄膜电池的研究，目前技术较为成熟，其制备的铜铟硒太阳能电池的效率已经超过 12%，处于国内领先、国际先进地位。铜铟硒薄膜太阳能电池的试生产线亦已建成。我国在染料敏化纳米薄膜太阳能电池的科学研究和产业化研究上都与世界研究水平相接近。我国在染料敏化剂、纳米薄膜修饰和电池光电效率上都取得与世界相接近的科研水平，在该领域有一定的影响力。

第三代太阳能电池：第三代太阳能电池必须具有薄膜化、转换效率高、原料丰富且无毒的条件。目前第三代太阳能电池还在进行概念和简单的试验研究。已经提出的第三代太阳能电池主要有叠层太阳能电池、多带隙太阳能电池等。虽然太阳能电池材料的研究已到了第三个阶段，但是在工艺技术的成熟程度和制造成本上，都不能和常规的硅太阳能电池相提并论。硅太阳能电池的制造成本经过几十年的努力已经有了大幅度的降低，但是与常规能源相比，仍然比较昂贵，这就限制了其进一步大规模应用。鉴于此点，开发低成本、高效率的太阳能电池材料仍然有很长的路要走[19-20]。

1.2 太阳能发电的优势与不足

1.2.1 太阳能发电的优点

太阳能发电的优点具体如下[21]：

（1）能量巨大。太阳能是巨大的、无污染的可再生能源，每天送到地球表面的辐射能大约相当于 2.5 亿万桶石油。太阳作为无尽的洁净能源中心，在太阳内部进行的由"氢"到"氦"核聚变反应已经持续了几十亿年，其向宇宙空间辐射的能量功率为 3.8×10^{26} W，其中 22 亿分之一到达地球大气层，30% 被大气层反射，23% 被大气层吸收，其余的到达地球表面，其功率为 8×10^{16} W，也就是说太阳每秒钟照射到地球上的能量相当于燃烧 500 万吨煤释放的热量。

（2）能源长久。太阳的寿命还有上百亿年，太阳是"取之不尽，用之不竭"的能源库。地球上的风能、水能、海洋温差能、波浪能和生物质能以及部分潮汐能均来源于太阳；即使是地球上的化石燃料（如煤、石油、天然气等）从根本上说也是远古以来储存下来的太阳能，所以广义的太阳能所包括的范围非常大，狭义的太阳能则限于太阳辐射能的光热、光电和光化学的直接转换。开发利用太阳能，使之成为能源体系中重要的替代能源，是人类能源战略上的终极目标。

（3）分布广泛。太阳光普照地球，无论陆地、海洋、高山和海岛，处处都有阳光照射，不受地域的限制。只要有需要，就可以开发并利用，而不需要开采、运输和输送。

（4）绿色环保。开发利用太阳能不会污染环境，没有任何废弃物，无噪声，是理想的最清洁的能源。

（5）成本低廉。太阳能发电不要燃料，没有运动部件，不易损坏，维护简单，运行成本低廉。

（6）建设周期短。太阳能发电建设周期短，变化灵活，节约建设时间和减少工程量，增加或减少容量方便，避免浪费。

1.2.2 太阳能发电的缺点

太阳能发电的缺点具体如下[21]：

（1）能量密度低。太阳辐射到地球表面的太阳能总量大，但是照射的能量分布密度小，正午时分地面上在垂直于太阳光方向 $1m^2$ 面积上接收到的太阳能约为 1000W，但按全年日夜平均只有 200W 左右。

（2）不稳定性。地面获得太阳能辐射具有间歇性和随机性，主要受到四季、昼夜、地理纬度和海拔高度等自然条件的限制，以及晴、阴、云、雨等气候条件的影响。

（3）效率低，价格高。目前太阳能开发与利用处于发展阶段，理论可行，技术成熟。但是，太阳能利用装置的效率还不高，且价格较贵，为常规发电的5~15倍，生物质发电（沼气发电）的7~12倍，风能发电的6~10倍，经济性无法与常规能源相竞争。但太阳能与其他新能源相比在资源潜力和持久适用性方面更具优势，从长远前景来看，光伏发电是最具潜力的战略替代发电技术。

1.3　太阳能发电现状与发展前景

1.3.1　太阳能电池的生产与应用

1839年，法国科学家贝克雷尔（Becqurel）发现：光照能使半导体材料的不同部位之间产生电位差，这种现象后来被称为"光生伏特效应"，简称"光伏效应"。1954年，美国科学家恰宾和皮尔松在贝尔实验室首次制备了实用性单晶硅太阳能电池，实现了将太阳光能转换为电能的实用光伏发电技术。第一个太阳能电池转换效率为6%，经过不断改进，效率达到了10%，并于1958年装备在美国先锋1号人造卫星上，成功运行了8年。20世纪70年代以后，相关技术的进步推动着太阳能电池材料、结构、制造工艺等方面不断改进，同时也降低了生产成本，逐渐推广到更多应用领域。但是，由于成本等诸方面问题，市场没有打开，太阳能电池产量的年增长率平均为12%左右[22]。

1.3.2　光伏产业飞速发展

随着太阳能电池的种类不断增多、应用范围日益广阔、市场规模逐步扩大，至1994年，世界太阳能电池销售量已达64MW，呈飞速发展之势。21世纪以来，一些发达国家纷纷制订了发展包括太阳能电池在内的可再生能源计划。太阳能电池的研究和生产在欧洲、美洲、亚洲等地大规模铺开。美国和日本为争夺世界光伏市场的霸主地位，争相出台太阳能技术的研究开发计划，例如日本在1994年实施的新阳光计划，欧盟于1997年颁布的百万屋顶计划，德国在1999~2003年间提出的十万屋顶计划和2004年颁布的可再生能源法及新补贴计划，西班牙及意大利在2005年实施了类似德国的计划，我国在2006年实施了可再生能源法，美国加州在2006~2011年，开展了总值30亿美元，涉及100万家庭太阳能系统、3000MW·h发电量的计划。从1997年开始，全球太阳能电池的产量年增长率均超过了40%，而最近5年，更是达到了49.5%。太阳能发电装机容量增长127GW，几乎是往年最大增幅的两倍。2008年全球太阳能电池产量达6.4GW，增速近100%，其中：中国2GW、欧洲1.6GW、日本1.2GW、美国700MW，其他国家和地区为850MW。进入21世纪，各国政府通过颁布优惠政策与相关法律加速可再生能源的开发利用，这极大地促进了光伏行业的发展。越来越多的国家开始实行"阳光计划"，开发太阳能能源。如美国的"光伏建筑计划"、欧洲的"百万屋顶光伏计划"、日本的"朝日计划"以及我国已开展的"光明工程"等[23-25]。

一直以来,太阳能光伏都是可再生电力增长的动力,中国于 2015 年 6 月在青海龙羊峡拉滩投产打造了世界上最大的光伏电站,其太阳能电池装机总容量达到 850MW,一年可发电量为 14.94 亿千瓦·时。2015~2020 年,我国太阳能电池装机量逐年增长,但增速呈现出减缓的趋势。2018 年与 2019 年受光伏新政策的影响,各地太阳能电池新增装机量有一定的下滑。2018 年 6 月,国家发展改革委、财政部、国家能源局联合发布的《关于 2018 年光伏发电有关事项的通知》中指出我国光伏发电的相关补贴加快退坡,降低补贴强度,导致了我国太阳能光伏产业降温。根据国家数据统计局数据显示,2020 年我国太阳能电池新增装机量开始回升,为 4922 万千瓦,累计装机量达到了 25343 万千瓦,同比增长24.1%。2021 年,中国光伏发电新增 53130 万千瓦,风电新增 46950 万千瓦;欧盟可再生能源发电装机容量增长 36000 万千瓦,增幅近 30%。

目前,太阳能电池的应用领域非常广泛,已经深入军事和航天领域,并且遍及与生活息息相关的行业,如农渔业、市政灯光等部门,尤其在一些偏远的山区和地形比较复杂的地区使用小型光伏发电组件可以节约架设线路的费用。

晶体硅电池占据着绝大多数的市场份额,是光伏发电市场的主要产品。因为晶体硅太阳能电池技术日益成熟,生产成本逐年走低,光电转化效率较高,电池各组件寿命长。在将来很长一段时间内晶体硅电池仍是太阳能电池发展的主流选择。然而,目前技术生产的晶体硅太阳能电池的光电转换效率还有较大的提升空间,提高太阳能电池的光电转换效率仍然是光伏企业提高收益的主要手段。提高转化效率可以通过采用优异的电池结构来实现。目前,很多光伏企业开发出新的电池结构以及优化生产工艺,如 PERC 结构电池、IBC 结构电池、MWT 结构电池、背接触电池等,这些电池的光电转换效率都较传统电池有非常大的提高,但仍具有非常大的提升空间。图 1-6 为 2015 年与 2020 年新增电力装机结构对比,直

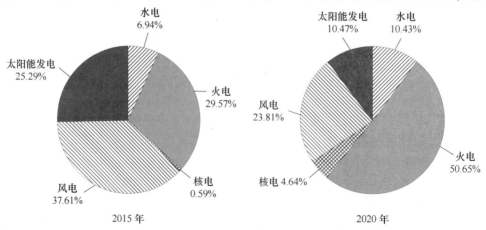

图 1-6 2015 年与 2020 年新增电力装机结构对比

观说明了我国可再生能源在过去这几年在能源领域所占比重持续地大幅度提高。

1.4 中国太阳能发电现状与发展前景

1.4.1 中国太阳能资源非常丰富

中国太阳能资源非常丰富，理论储量达每年 17000 亿吨标准煤。太阳能资源开发利用的潜力非常广阔。中国地处北半球，南北距离和东西距离都在 5000km 以上，在广阔的土地上有着丰富的太阳能资源。大多数地区年平均日辐射量在 $4kW \cdot h/m^2$ 以上，西藏日辐射量最高达 $7kW \cdot h/m^2$。年日照时间大于 2000h，居世界第二位，仅次于撒哈拉大沙漠。与同纬度的其他国家相比，与美国相近，比欧洲、日本则优越得多，因而有巨大的开发潜能。我国太阳能资源较丰富地区包括河北西北部、山西北部、内蒙古南部、宁夏南部、甘肃中部、青海东部、西藏东南部和新疆南部等地[26]。

1.4.2 中国太阳能光伏产业发展

中国是目前世界最大的太阳能光伏产品生产国，2007 年太阳能发电量达到 1.1GW，占全球太阳能发电总量的 27.5%，位居世界第一。相比汽车、家电等百年成熟产业而言，太阳能产业是新兴产业，中国光伏发电产业于 20 世纪 70 年代起步，90 年代中期进入稳步发展时期。在短短五六年时间里，我国光伏产业一直以年均 300% 的速度增长发展，2007 年首次跃居全球第一。2020 年，我国太阳能电池产业已初步建立起从原材料生产到光伏系统建设等多个环节组成的完整产业链，特别是多晶硅材料生产取得了重大进展，突破了年产千吨大关，冲破了太阳能电池原材料生产的瓶颈制约，为我国光伏发电的规模化发展奠定了基础。目前我国已有数百家企业从事光伏生产及研究，其中无锡尚德、江西赛维等 11 家企业已成功实现海外上市。这些企业虽然是能源产业的后起之秀，但其市值之和已与中国神华、中煤能源等全国煤炭类上市企业的市值之和相当。此外，中国还是太阳能热水器第一生产大国，小型可再生能源项目正继续融入中国农村能源体系。

1.4.3 中国太阳能光伏产业发展强劲

中国对太阳能电池的研究开发高度重视，早在"七五"期间，非晶硅半导体的研究工作已经列入国家重大课题，"八五"和"九五"期间，中国把研究开发的重点放在大面积太阳能电池等方面[27]。

我国是太阳能电池最大的出口国，在国际市场中的性价比偏高，因此出口量较大。同时我国的太阳能电池产量大于国内市场需求，因此大量的太阳能电池用于出口。2015~2020 年，我国太阳能电池出口数量与出口金额总体呈波动增长趋势，2020 年我国太阳能电池产业受新冠肺炎疫情的影响较小，其进口数量为 27.22 亿个，进口金额为 198.00 亿美元。我国太阳能电池的出口地区主要集中在亚洲与欧洲，合计出口占比为 77.5%，其次是拉丁美洲、大洋洲、非洲和北美洲，其太阳能电池的出口金额占比分别为 11.83%、5.13%、2.94% 和 2.60%。

自 2015 年来，我国太阳能电池的产量规模逐年提升，产业主要集中在华东地区。2020 年，我国太阳能电池产量最多的地区是华东，占全国产量的 73.2%，西南地区产量为 9.42%，排名第二。在各省市中，江苏省产量最多，为 5383.4 万千瓦，是浙江产量的近两倍；浙江产量排在第二位，为 2860.06 万千瓦；安徽产量排名第三，为 2060.7 万千瓦。

在太阳能电池相关行业中，保利协鑫在上游多晶硅、硅片和中下游电池片和组件市场均有业务涉及；晶科、晶澳、隆基的业务范围包括了上游硅片和中下游电池片和组件。整体来看，绝大多数龙头企业的业务覆盖了太阳能电池产业的上中下游，涉及整条产业链。

随着 2018 年太阳能发电行业补贴退坡，市场化竞争时代即将来临。企业之间的竞争策略也从过去的价格战，逐渐转换为依靠技术进步从而达到降本增效的策略。太阳能电池产业的市场份额向头部优质企业集中。我国太阳能电池行业市场集中度较高且不断提升，2020 年我国太阳能电池片的产量在 5GW 以上的企业有 9 家，前五的企业市场占有率为 53.2%。小企业因技术壁垒难以与大规模企业竞争，技术的落后导致众多企业逐年被市场淘汰。龙头企业的竞争日益加剧，企业的发展方向也将更具有挑战性，需要通过创新商业模式，加强技术研发、融资能力、运营管理、市场营销等方式来增强竞争力。

太阳能电池行业按照营业收入规模可将各个企业分在三大梯队中，第一梯队为隆基股份等全球光伏龙头企业，其一年的营业收入在 500 亿元以上；其次是晶澳科技等企业组成的第二梯队，其太阳能电池相关产业的营业收入在 100 亿~500 亿元之间；第三梯队由亿晶光电、爱旭股份以及保利协鑫等企业组成，其太阳能产业的营业收入不足 100 亿元。

自光伏"531"政策发布以来，太阳能电池产业链各环节价格呈现下降的趋势，同时受下游光伏企业对光伏电池降本增效的需求，以及高效太阳能电池片技术驱动的影响，太阳能电池迎来需求浪潮。太阳能利用规模的扩大会带动太阳能电池需求的增长。前瞻预测到 2026 年，我国太阳能电池产量将达到 46825 万千瓦。

国内大型的硅片、太阳能发电企业向垂直一体化方向不断发展。以隆基为例，2014 年，隆基收购了乐叶光伏科技公司向下游拓展，开拓单晶电池和组件市场，依托先进的单晶硅片技术开始向单晶电池组件发展，进而逐步涉及电站以及最近提出的光伏加氢能等综合能源的概念。隆基的硅片和太阳能电池组件在市场中的地位均得到了大幅的提高。

通过技术进步实现降本增效将成为太阳能电池行业竞争的主要策略，各太阳能企业和研究机构将加大技术研发投入，行业技术迭代升级加速。行业市场上，面对太阳能电池技术的革新，企业是否有充足的准备是确保其可持续发展的关键。

2022 年全球可再生能源发电装机容量将增长至少 8%，其中全球光伏发电量有望达到可再生能源新增发电量的 60%，其次是风力发电和水力发电。结合全球能源转型和清洁发展实际，在系统总结"十三五"能源电力发展成就的基础上，充分考虑我国经济高质量发展下产业结构调整以及贸易摩擦、新冠肺炎疫情等因素影响，对我国"十四五"电力供需、电源开发、电网建设等一系列重大问题进行深入研究，对中长期发展趋势进行展望，形成了《中国"十四五"电力发展规划研究》报告。预计 2025 年我国的薄膜电池转换效率将达到 25%，组件转换效率达到 20.3%，光伏电站的初投资降至 3360 元/kW。可见我国准备逐渐扩大太阳能发电规模，用太阳能发电逐步代替传统发电模式。未来，在多重政策利好的影响下，我国太阳能电池产业将稳步发展，产业链布局进一步完善，投资规模也将逐步扩大。

1.5 太阳能电池的新技术与新动态

目前光伏市场上太阳能电池包括晶体硅电池、非晶硅薄膜电池、碲化镉薄膜电池、铜铟镓硒薄膜电池等，其中主流产品仍然是晶体硅电池。晶体硅电池具有转换效率高、性能稳定、生产工艺成熟、成本合理等特点，预计在今后十年内依然占主导地位。随着太阳能电池市场和产业的不断成长，电池生产设备和工艺不断改进优化，目前普通工艺的单晶硅电池转换效率已接近 25%，多晶硅电池的效率也达到了 20%，而且各种新型高效电池技术纷纷出现，推动大规模生产电池效率向 30% 的目标迈进[28]。

（1）大力发展多晶硅。多晶硅薄膜电池由于所使用的硅比单晶硅少很多，不存在效率衰退等问题，而且有可能在廉价衬底材料上制备，因此多晶硅薄膜太阳能电池的成本远低于单晶硅电池的；而多晶硅薄膜电池光电转换率在 20% 左右，高于非晶硅薄膜电池。因此，多晶硅薄膜电池将有望成为太阳能电池的主导产品。目前美国、德国、日本和中国多晶硅原材料生产厂均在大量扩产。

多晶硅太阳能电池的制作工艺与单晶硅太阳能电池差不多，但是多晶硅太阳能电池的光电转换效率则要降低不少。2020 年，德国弗劳恩霍夫太阳能系统研究所（FraunhoferISE）声称多晶光伏电池效率刷新纪录达 21.9%。2016 年 7 月，我国制造商天合光能宣布，其多晶 PERC 技术实现了 20.16% 的转换效率。从制作成本上来讲，多晶硅太阳能电池比单晶硅太阳能电池要便宜一些，材料制造简便，节约电耗，总的生产成本较低，因此将逐步取代单晶硅太阳能电池的市场[29]。但是，多晶硅太阳能电池的使用寿命也要比单晶硅太阳能电池的短。

（2）减少硅片厚度。为了降低成本，很多企业都在技术设备上下工夫，减少硅片厚度，降低硅材料的消耗以便节约成本。20 世纪 70 年代硅片的厚度为 $450 \sim 500 \mu m$，80 年代降到了 $400 \sim 450 \mu m$，90 年代则进一步降低到 $350 \sim 400 \mu m$。到 2020 年目前主流 PERC 电池硅片厚度仅为 $180 \mu m$，HIT 硅片厚度为 $150 \mu m$，甚至有些企业可以兼容 $120 \mu m$ 硅片，并且理论上可以减薄至 $100 \mu m$。硅片减薄之后，出片率会增加，单片耗硅量下降。目前 $180 \mu m$ 厚的硅片耗硅 15g，如果减薄到 $120 \mu m$，单片耗硅 10.9g，硅耗下降 27%。硅片减薄在电池环节实现难度较低，但硅片环节目前只能切到 $120 \mu m$，再薄不具备经济性，组件环节工艺较粗糙，需要更加精细化以匹配超薄硅片。

（3）发展薄膜电池。非晶硅薄膜太阳电池在 20 世纪 70 年代世界能源危机时获得了迅速发展，在降低成本方面展示了巨大潜力，引起了各国研究单位、企业和政府的广泛重视。非晶硅薄膜太阳能电池与单晶硅和多晶硅太阳能电池的制作方法完全不同，工艺过程大大简化，硅材料消耗少、电耗低、成本低、质量轻、转换效率高、便于大规模生产。非晶硅薄膜太阳能电池的主要优点是在弱光条件也能发电，因此有着极大的发掘潜力。大力发展薄膜型太阳能电池不失为当前最为明智的选择，薄膜电池的厚度一般为 $0.5 \mu m$ 至数微米，不到晶体硅太阳电池的 1/100，大大降低了原材料的消耗，因而也降低了成本。薄膜太阳能电池可以作成柔性衬底，甚至不规则形状，还可以具有不同颜色和透明程度，容易实现与建筑的一体化，近年来发展很快。研究人员表示，通过进一步研究，有望开发出转换率达 20% 的薄膜太阳能电池。

（4）太阳能采集新装置——氦气球。美国技术人员约瑟夫·科利（Joseph Cory）与合作者宇航员工程师皮尼·葛菲尔（Pini Gurfil）花费多年时间对氦气球进行了开发，他们在氦气球上引入了如今最先进的太空技术，经反复的实验与计算后最终发现，10ft（1ft = 0.3048m）大的气球竟然就可以提供与 $25m^2$ 大小的太阳能电板相同的供电能力，能够输出 1kW 左右的能量，这是太阳能技术上的一项突破性发现[30]。装置如图 1-7 所示。

（5）新材料与新工艺不断出现[31-33]。

1）廉价太阳能电池板。纽约内斯堡大学教授维维安·艾伯特发明了一种新型太阳能电池板，比普通太阳能电池板更薄，而且价格更加低廉。新型太阳能电池板包含一层仅为约 $5 \mu m$ 厚的特种感光合金，这一材料的使用使电池板厚度大大减小，而且在不降低电池光电转换效率的情况下比普通太阳能电池板成本减少了50%。

2）新的小珠太阳能电池。不久前，美国得克萨斯仪器公司和 SCE 公司宣布开发出一种新的太阳能电池，每一单元是直径不到 1mm 的小珠，密密麻麻规则地分布在柔软的铝箔上，在大约 50cm^2 的面积上分布有 1700 个这样的单元。这种新电池尽管转换率只有 8%~10%，但是价格便宜。而且铝箔底衬柔软结实，可以随意折叠且经久耐用。使用也非常方便，挂在向阳处便可以发电。据称，使用这种新型的太阳能电池，每瓦发电能力的设备只要 15~20 美元，而且每发 1kW·h 电的费用也可以降到 14 美分左右，完全可以同普通电厂产生的电力相竞争。每个家庭将这种电池挂在向阳的屋顶、墙壁上，每年就可以获得 1000~2000kW·h 的电力。

图 1-7　新型太阳能采集装置——氦气球

3）荷兰新型太阳能电池将输出效率提升 9%，荷兰规模最大的太阳能电池生产商 Solland Solar 将凭借其新型电池，让太阳能行业向前迈出重要一步。这种新型电池是将电池正面收集的能量通过电池再转移至电池背面，电池表面就有更大面积来采集阳光并将其转化为电能，每块电池的输出效率可提高 2%，再经过处理并与一个太阳能电池组件相连接，所得到的输出效率甚至可提高至 9%。传统太阳能组件的输出效率在 13.5% 左右，而这种新型的电池将输出效率提高至 15% 左右，这是太阳能电池输出效率领域的重大改进。

当今世界各国普遍重视和发展太阳能电池，这是一项重要的发展战略。随着新型太阳能电池的涌现，以及传统硅电池的不断革新，新概念的太阳能电池已经显现，从某种意义上讲，预示着太阳能电池技术的发展趋势。基于上述太阳能电池的发展背景和现状分析，目前太阳能电池发展的新概念和新方向可以归纳为薄膜电池、柔性电池、叠层电池及纳米晶电池[34]。

目前，在太阳能电池中，晶体硅太阳电池占据了 90% 的世界太阳能光伏市场，而且在未来 5~10 年内仍将主导太阳能光伏市场。要想推动世界光伏产业的快速发展，提高太阳能电池的光电转换效率、降低太阳能电池组件成本是主要方法，现有的高转换效率的太阳能电池是在高质量的硅片上制成的，这是制造硅太阳能电池成本最高的部分。因此，在如何保证转换效率仍较高的情况下来降低衬底的成本就显得尤为重要，这也是今后太阳能电池发展急需解决的问题。世界各国科技人员积极研究高效率硅电池、多带隙电池、聚光电池和薄膜电池，为进一步降低成本而努力。目前，高效率、长寿命、低成本是未来太阳能电池发展的总趋势。

此外，多晶硅薄膜电池在未来可能更具吸引力，目前商业化电池效率已经达到17%~18%。在薄膜电池的研究中，研究的重点是简化生产技术、改善材料的化学性质以及改进电池设计。薄膜电池已采用多结制备技术以提高效率，United Solar System 公司已经发展了三结非晶硅电池，效率达到12%，这种电池与一种柔性衬底结合，显著降低了生产成本[35-39]。

参 考 文 献

[1] 冯垛生. 太阳能发电原理与应用 [M]. 北京：人民邮电出版社，2007：1.

[2] 杨德仁. 太阳能电池材料 [M]. 北京：化学工业出版社，2007：51.

[3] 刘雅文. BP 世界能源统计年鉴 2021 年版发布：能源市场遭受巨大冲击 [J]. 中国石油和化工，2021，8：34-35.

[4] 赵玉文. 太阳电池新进展 [J]. 物理，2004，33（2）：99-105.

[5] WERNER J H, ARCH J K, BRENDEL R, et al. Crystalline thin film silicon solar cells [C] // Proc12th European Photovoltaic Solar Energy Conference Amsterdam. The Netherland，1994：1823 - 1826.

[6] CARLSON D E, WROSKI C R. Solar cells using discharge-produced amorphous silicon [J]. J. Elect. Mater. , 1997, 6：95-99.

[7] KONAGAI M, FUKUCHI F, KANG H C, et al. Current status and perspectives of amorphous Si thin film solar cells [C] //Tech Dig Int PVSEC-6. New Delhi, 1996：429-433.

[8] ASHID A Y. Single junction a- Si solar cells with over 13% efficiency [J]. Solar Energy Materials and Solar Cells, 1994, 34：291-302.

[9] 毛爱华. 太阳能电池的研究和发展现状 [J]. 包头钢铁学院报，2002，21：94-98.

[10] CHAPIN D M, FULLER C S, PEARSON G L. A new silicon p-n junction photocell for converting solar radiation into electrical power [J]. J Appl Plays, 1954, 25（5）：676-677.

[11] MARTIN A G, KEITH E, DAVID L K, et al. Solar cell efficiency tables [J]. Pro Photo Res & Appl, 2007, 15：35-40.

[12] 李芬，陈正洪，何明琼，等. 太阳能光伏发电的现状及前景 [J]. 水电能源科学，2011，29（12）：188-192.

[13] 郭浩，丁丽，刘向阳. 太阳能电池的研究现状及发展趋势 [J]. 许昌学院报，2009，2：38-42.

[14] 王建军，刘金霞. 太阳能电池及材料研究和发展现状 [J]. 浙江万里学院学报，2006，5：73-77.

[15] 周翘宇，于洪利. 太阳能电池的种类及研究现状 [J]. 中国科技成果，2010，4：30-32.

[16] 刘鉴民. 太阳能利用，原理，技术，工程 [M]. 北京：电子工业出版社，2010.

［17］ 黎立桂，鲁广昊，杨小牛，等．聚合物太阳能电池研究进展［J］．科学通报，2006，21（51）：2457-2468.

［18］ 沈文忠．面向下一代光伏产业的硅太阳能电池研究新进展［J］．Chinese Journal of Nature，2010，32（3）：134-142.

［19］ DROLET N，MORIN J F，LECLERC M，et al. 2，7-carbazolenevinylene-based oligomer thin-film transistors：High mobility through structural ordering［J］．Adv Mater，2005，15（10）：1671-1682.

［20］ THOMPSON B C，KIM Y G，REYNOLDS J R. Spectral broadening in MEH-PPV：PCBM-based photovoltaic devices via blending with a narrow band gap cyanovinylene-dioxythiophene polymer［J］．Macro-molecules，2005，38（13）：5359-5362.

［21］ 赵文玉，林安中．晶体硅太阳能电池及材料［J］．太阳能学报，1999（特刊）：85-94.

［22］ 张耀明．中国太阳能光伏发电产业的现状与前景［J］．能源研究与利用，2007（1）：1-6.

［23］ 耿新华，孙云．薄膜太阳能电池的研究进展［J］．物理，1999，28（2）：96-102.

［24］ 武文．物理多晶硅太阳电池表面织构与减反射膜匹配性能研究［D］．呼和浩特：内蒙古大学，2015.

［25］ 陈哲艮，金步平．一种新型太阳电池的设计［J］．太阳能学报，1999，20（3）：229-233.

［26］ 林红，李鑫，李建保．太阳能电池发展的新概念和新方向［J］．稀有金属材料与工程，2009，38：722-724.

［27］ 邓洲．国内光伏应用市场存在的问题、障碍和发展前景［J］．中国能源，2013，35（1）：12-16.

［28］ 任斌，赖树明，陈卫，等．有机太阳能电池研究进展［J］．材料导报，2006，20（9）：124-128.

［29］ 何杰，苏忠集，向丽，等．聚合物太阳能电池研究进展［J］．高分子通报，2006，4：53-67.

［30］ 周超．太阳能光伏发电在城市轨道交通中的应用［J］．都市快轨交通，2013，26（2）：77-81.

［31］ 翁敏航．太阳能电池材料、制造、检测技术［M］．北京：科学出版社，2017.

［32］ 马天琳．太阳能电池生产技术［M］．西安：西北工业大学出版社，2015.

［33］ 赵雨．太阳能电池技术及应用［M］．北京：中国铁道出版社，2013.

［34］ 侯海虹．薄膜太阳能电池基础教程［M］．北京：科学出版社，2017.

［35］ 靳瑞敏．太阳能电池原理与应用［M］．北京：北京大学出版社，2011.

［36］ 黄惠良．太阳能电池制备开发应用［M］．北京：科学出版社，2012.

［37］ 缪缪．我国太阳能电池产业的发展研究［M］．徐州：中国矿业大学出版社，2011.

［38］ 张红梅．太阳能光伏电池及其应用［M］．北京：科学出版社，2016.

［39］ 邓长生．太阳能原理与应用［M］．北京：化学工业出版社，2010.

2　晶硅太阳能电池原理及分类

当光照射 pn 结，只要入射光子能量大于材料禁带宽度，就会在结区激发电子-空穴对。这些非平衡载流子在内建电场的作用下，空穴顺着电场运动，电子逆着电场运动，最后在 n 区边界积累光生电子，在 p 区边界积累光生空穴，产生一个内建电场方向相反的光生电场，即在 p 区和 n 区之间产生了光生电压 U_{oc}，这就是 pn 结的光生伏特效应。只要光照不停止，这个光生电压将永远存在。

光电转换的物理过程：

（1）光子被吸收，使 pn 结的 p 侧和 n 侧两边产生电子-空穴对。

（2）在离开 pn 结一个扩散长度以内产生的电子和空穴通过扩散到达空间电荷区。

（3）电子-空穴被电场分离，p 侧的电子从高电位滑落至 n 侧，空穴沿着相反的方向移动。

（4）若 pn 结开路，则在结两边积累的电子和空穴产生开路电压。

2.1　金属与半导体导电机理

2.1.1　自由电子

从金属的物质结构来解释金属材料导电机制。以铜原子为例，其原子核外面有 29 个电子，这些电子的分布是分层的，离原子核最远的那一层只有一个电子，这个电子与原子核的结合力最弱，很容易受到相邻原子核的作用，而脱离原来所属的那个原子，成为一个不属于任何一个原子所有而是属于整个晶体所有的电子。这样的电子能在整个晶体中运动，成为"自由电子"。在室温下，每立方厘米的铜晶体中有 8.45×10^{22} 个铜原子（其晶格形式如图 2-1 所示）。假设每个铜原子有一个电子变成自由电子，显然每立方厘米就会有 8.45×10^{22} 个电子。基于同样道理分析，也可以知道其他导体中每立方厘米中的自由电子浓度都非常高[1]。

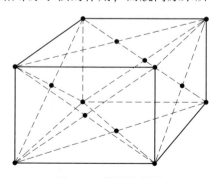

图 2-1　铜晶胞模型

2.1.2 金属电导率

因为晶体内有大量的不断振动的原子和自由运动的电子，所以任何一个电子的运动都不可避免地、频繁地碰到其他原子和电子，每次碰撞都会改变其运动方向，因而这些自由电子在晶体内的运动是杂乱无章的。如果在金属两端施加一定的外加电压，自由电子的运动就要受到电场力的作用。尽管它在运动中还是会与其他原子和电子相碰撞，但每次碰撞之后会在电场力的作用下，沿着电场力的方向加速运动（电子带负荷，电场力的方向正好与电场的方向相反），其运动轨迹是自由电子在与电场力相反的方向上作直线运动。有直线运动就有直线速度，显然这个直线速度是与电场强度成正比的。将单位电场强度（每厘米长度的电压差为 1V，即 1V/cm）下的直线速度叫做自由电子的"迁移率"，用 μ 来表示。

当电压作用于一个导体上时，其中的自由电子都会以一定的速度从导体的一端迁移到另一端，也就是电荷从一端流向另一端，这就是导体传导电流的过程。很明显，一个物体的导电能力的大小依赖于自由电子浓度（用 n 表示，单位是个/cm^3）的高低和其迁移率 μ（$cm^3/(s \cdot V)$）的大小。为了说明物体的导电能力，特引入电导率这个概念，即

$$\sigma = en\mu \tag{2-1}$$

式中，e 为电子所带的电荷，而电导率的倒数即为电阻率。

2.2 晶硅电池的原理

2.2.1 半导体导电机理

从广义上来讲，半导体是在常温下导电性能介于导体与绝缘体之间的材料，其导电能力要比导体小得多，但比绝缘体大得多。半导体与金属导体导电的机理有本质的不同。与金属导体相比，半导体的电导率比金属的电导率小 2~3 个数量级，这只是半导体与金属导体在电导率量上的区别，更重要的是它们还有本质上的区别。金属和半导体的电导率随温度的变化趋势是完全相反的。随温度的变化，金属中自由电子的浓度是始终保持不变的，即使把温度降到绝对零度，浓度还是不会发生改变，温度和外来杂质只是稍微影响其迁移率大小。因此金属的电导率受温度、杂质的影响比较小。半导体与此相反，在绝对零度下，没有自由电子，温度的升高、杂质的激活都使半导体的自由电子浓度显著增加，即半导体的电导率与温度高低、杂质含量均密切相关。

半导体材料的种类繁多，包括晶态半导体、非晶态的玻璃半导体和有机半导体等。人们对半导体材料的认识和研究是从晶态半导体开始的。从单一元素半导体到二元化合物半导体，再到三元及多元化合物半导体等。Ⅳ族元素硅和锗是最常用的元素半导体；化合物半导体包括Ⅲ-Ⅴ族化合物（砷化镓、磷化铟等）、

Ⅱ-Ⅵ族化合物（硫化镉、硒化锌等）、氧化物（锰、铬、铁、铜的氧化物），以及由Ⅲ-Ⅴ族化合物和Ⅱ-Ⅵ族化合物组成的固溶体（镓铝砷、镓砷磷等）[2-5]。

从半导体的电学角度出发，对于常规的半导体材料一般具备以下五大特征：电阻率特性、导电特性、光电特性、负的电阻率温度特性、整流特性[6-7]。这里以有代表性的硅原子为例说明半导体导电机理。硅为元素半导体，原子序数是14，所以原子核外面有 14 个电子，其中内层的 10 个电子被原子核紧密地束缚住，而外层的 4 个电子受到原子核的束缚较小，如果得到足够的能量，就能使其脱离原子核的束缚而成为自由电子，同时在原来的位置留出一个空穴。电子带负电，空穴带正电。硅原子核外层的这 4 个电子又称为价电子。硅原子电子结构示意图如图 2-2 所示。

在硅晶体中每个原子周围有 4 个相邻原子，并和每一个相邻原子共有 2 个价电子，形成稳定的 8 个原子壳层。硅晶体的共价键结构如图 2-3 所示。从硅的原子中分离出一个电子需要 1.12eV 的能量，该能量称为硅的禁带宽度。

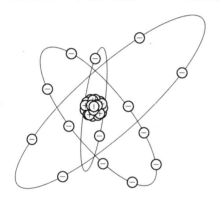

图 2-2　硅原子电子结构示意图

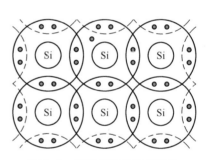

图 2-3　硅晶体的共价键结构

当硅晶体受到足够光或热作用时（得到足够的能量时），就会脱离原子核的束缚而成为自由电子，同时原来的位置上因逸出一个电子而留下一个空穴，形成电子-空穴对，如图 2-4 所示。

纯净的半导体中，有一个自由电子，就必然有一个空穴，两者的数量是相等的。在有外界电场作用时，自由电子沿着电场相反方向运动，同时在空穴邻近的电子由于热运动脱离原来原子的束缚而填充到这个空穴，但又在原位置处留下一个新的空穴，这样空穴也在相应地

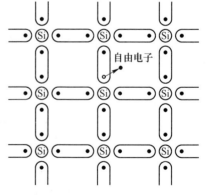

图 2-4　硅晶体结构与电子-空穴
对的产生

发生运动，运动的方向和电子运动的方向正好相反。电子的流动所产生的电流与带正电的空穴向其相反方向运动时产生的电流是等效的。

2.2.2 半导体二极管的物理特性

半导体二极管有两个电极：一个是阳极，一个是阴极，在电路中的符号如图 2-5 所示。

图 2-5　二极管符号图

如图 2-6 所示，当二极管电路与外电压相接（正向相接）时，灯泡通过较大电流称为正向电流。当二极管电路与外电压反向连接时，灯泡通过电流非常微弱，此时灯泡不亮，称为反向漏电电流。

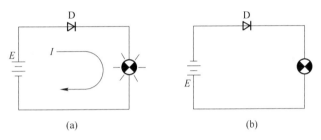

图 2-6　二极管单向导电现象
（a）正向连接；（b）反向连接

因此，可以认为二极管只允许电流从一个方向流过。这种只允许电流从一个方向流过的特性称为二极管单向导电特性。制作太阳能光伏发电的材料经过掺杂后也与二极管一样具有同样的单向导电特性[8-9]。

2.2.3 半导体的能带结构

无论电子和空穴怎样运动，它们肯定都有很多运动状态。在未受到外界能量刺激时，这些运动状态都是稳定的，并其自身具有一定的能量。通常情况下用"能级"来表示各种不同的运动状态。当载流子受到外界能量作用时，就会从低能量的运动状态进入高能量状态，即载流子从低能级跃迁到高能级。因此，原子中的电子运动状态可用能级来表示。通常处于原子核外围运动着的电子能量较高，处于原子核内部运动着的电子能量较低。大量的运动电子，每个运动状态的能量是不相等的，它们均匀分配在最高能量与最低能量之间，这些能级实际上组成了一个在能量上可以认为是连续的带，称为"能带"[10]。

图 2-7 所示是半导体的能带。因为每个能级只允许有两个电子，那么硅原子外围有 4 个价电子，就有两个能级，两个能级对应着两个能带，因而两个能带正好被 4 个价电子占满。图中从能量 1 到能量 2 的能带就是两个能带中较高的一个能带，因为被电子占满，所以称为"满带"，又称为"价带"。在 2~3 的一段能

量上没有可能的运动状态，因而称为"禁带"。3～4之间，又是电子在晶体中可能的运动状态。在绝对零度的条件下，满带中的每个能级都有两个电子，因而没有导电能力。当升到一定温度时，满带中的电子受到热的激发，获得足够的能量进入上面的那个能带（"导带"）[11-14]。

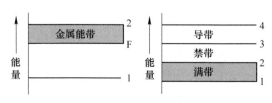

图 2-7　晶体的能带禁带

2.3　p 型和 n 型半导体

2.3.1　p 型半导体

如果在纯净的硅晶体中掺入少量的 3 价杂质硼（或铝、镓、铟等），因为这些 3 价杂质原子的最外层只有 3 个价电子，所以晶体中就存在因共价键缺少电子而形成的空穴，如图 2-8 所示。这些空穴数量远远超过原来未掺杂质时的电子和空穴的数量，因此在全部载流子中占大多数的是空穴。由于 3 价杂质原子可以接受电子而被称为受主杂质，因此掺入 3 价杂质的 4 价半导体被称为空穴半导体，也称之为 p 型半导体[15-16]。

2.3.2　n 型半导体

如果在纯净的硅晶体中掺入少量的 5 价杂质磷（或砷、锑等），由于磷的原子数目比硅原子数目少得多，因此整个结构基本不变，只是某些位置上的硅原子被磷原子所取代。由于磷原子具有 5 个价电子，所以 1 个磷原子与相邻的 4 个硅原子结成共价键后，必然会多出一个电子不能形成电子对。这样就会在晶体中出现许多被排斥在共价键以外的自由电子，从而使得硅晶体中的电子载流子数目远远超过原来未掺杂质时的电子和空穴的数量。电子称为多数载流子，空穴称为少数载流子，掺入的 5 价杂质原子又称为施主。因此，一个掺入 5 价杂质的 4 价半导体，就成了电子导电类型的半导体，也称之为 n 型半导体，如图 2-9 所示[17-18]。

由于纯净的硅晶体中掺入的杂质不同，两种类型半导体中的多数载流子和少数载流子数量也就不同。整个半导体内正、负电荷处于平衡状态，可是整体的导电能力要比纯净的硅晶体导电能力强得多。

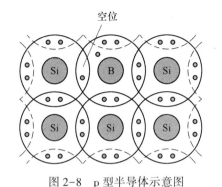

图 2-8 p 型半导体示意图

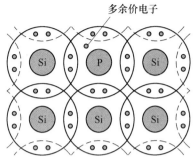

图 2-9 n 型半导体示意图

2.4 pn 结

导体材料中虽然有大量的自由电子，但材料本身并不带电。同样，无论是 p 型半导体还是 n 型半导体，它们虽然有大量的载流子，但它们本身在没有外界条件作用下，仍然是不带电的中性物质。但是，如果把 p 型半导体和 n 型半导体紧密结合起来，那么在两者交界处就形成 pn 结。pn 结是构成太阳能电池、二极管、三极管、可控硅等多种半导体器件的基础[19-20]。

2.4.1 扩散运动与漂移运动

基于扩散作用，物质总是由浓度大的地方向浓度小的地方运动。当 p 型半导体和 n 型半导体紧密结合成为一体时，在两者交界处，由于 p 区空穴浓度大于 n 区，n 区电子浓度大于 p 区，因此产生载流子的扩散运动。于是 n 型区域的电子向 p 型区域扩散，如图 2-10（a）所示。在 n 区附近的薄层 A 由于失去电子而带正电；p 型区域的空穴向 n 型区域扩散，如图 2-10（b）所示。可知，在 p 区附近的薄层 B 由于失去空穴而带负电。因此，在 pn 区交界上就形成了带正电的薄层 A 和带负电薄层 B，由于正负电荷的积累结果，在 A、B 间便形成了一个内电场，称内建电场，如图 2-10（c）所示，其方向是由 A 指向 B（电场的方向是由正电荷指向负电荷，从高电位指向低电位）。

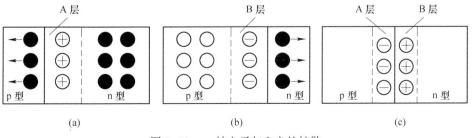

图 2-10 pn 结电子与空穴的扩散

由于有了内电场的存在，就对电荷的运动产生影响。电场会推动正电荷顺着电场的方向运动，而阻止其逆着电场的方向运动；同时电场吸引负电荷逆着电场的方向运动，而阻止其顺着电场的方向运动。很明显，对于这个内电场，一方面阻止 n 型区的电子继续向 p 型区扩散，p 型区的空穴向 n 型区扩散，也就是对多数载流子的扩散运动起阻碍作用；另一方面，又促使 p 型区中含量极少的电子（p 型半导体中的少数电子载流子）向 n 型区运动，n 型区含量极少的空穴（n 型半导体中的少数空穴载流子）向 p 型区运动。这种少数载流子在电场作用下有规则的运动称为"漂移运动"，其运动方向与扩散运动方向相反，因此起着相互阻碍和制约的作用，故 A、B 层称为阻挡层，也叫 pn 结。

由于 pn 结内部存在着两个方向相反的扩散运动和漂移运动，最初扩散运动占优势，薄层 A 和 B 越来越厚，但随着电子和空穴的不断扩散，形成的内电场越来越强，于是在内电场作用下漂移运动也越来越强，直到漂移运动与扩散运动达到动态平衡时，n 型区的电子和 p 型区的空穴便不再增加，阻挡层的厚度也不再发生变化，此时阻挡层的厚度为 $10^{-4} \sim 10^{-5}$ cm。当然，这时的漂移运动与扩散运动仍然继续进行，只不过两者处于动态平衡状态而已，宏观表现出二极管总电流为零[21-23]。

2.4.2 pn 结的导通和截止

如果把 pn 结接上正向电压（外部电压正极接 p 区，负极接 n 区），如图 2-11（a）所示。这时外电场的方向与内电场方向相反。外电场使 n 区的电子向左移动，使 p 区的空穴向右移动，从而使原来空间电荷区的正电荷和负电荷得到中和，电荷区的电荷量减少，空间电荷区变窄，即阻挡层变窄。因此外电场起到了削弱内电场的作用，这大大地有利于扩散运动。于是，多数载流子在外电场的作用下顺利通过阻挡层，同时外部电源又源源不断地向半导体提供空穴和电子，电路出现较大的电流，叫做正向电流。因此，pn 结在正向导通时的电阻是很小的。

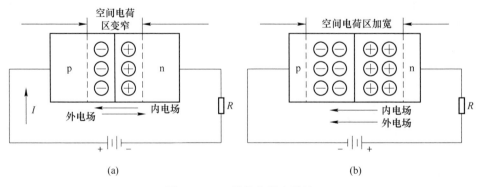

图 2-11 pn 结单向导电特性

相反，如果把 pn 结接上反向电压（外部电压负极接 p 区，正极接 n 区），如图 2-11（b）所示。这时外电场的方向与内电场方向一致，加强了内电场，使空间电荷区加宽，即阻挡层变宽。这样，多数载流子的扩散运动变得无法进行下去。不过，漂移运动会因内电场的增大而加强。但是，漂移电流是半导体中少数载流子形成的，数量很小。因此 pn 结加反向电压时，反向电流极小，呈现很大的反向电阻，基本上可以认为没有电流通过，将这种现象称为"截止"。这种单向导电性可以用 pn 结的电流-电压关系来表示，如图 2-12 所示[24-25]。

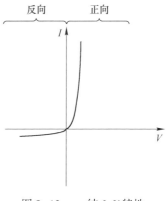

图 2-12　pn 结 I-V 特性

由于 pn 结具有上述单向导电特性，所以半导体二极管广泛使用在整流、检波等电路方面。

2.4.3　光电导

以辐射照射半导体也可以产生载流子，只要辐射光子的能量大于禁带宽度，电子吸收了这个光子的能量，如果光子的能量足够大，就可以跃迁到导带中去，产生一个自由电子和一个自由空穴。辐射所激发的电子或空穴，在进入导带或满带后，具有迁移率。因而辐射的效果就是使半导体中的载流子浓度增加。相比于热平衡载流子浓度增加出来的这部分载流子称为光生载流子，相应增加的电导率称为光电导。实际上每个电子吸收一个光子而进入导带后，就能在晶体中自由运动。如有电场存在，这个电子就参与导电。但经过一段时间后，这个电子就有可能消失掉，不再参与导电。事实上任何光生载流子都只有一段时间参与导电，这段时间有长有短，其平均值就称为载流子寿命[26]。

2.4.4　pn 结的光生伏特效应

太阳能电池的工作原理是基于半导体的光生伏特效应。光生伏特效应是指光照使不均匀半导体或半导体与金属结合的不同部位之间产生电位差的现象。太阳光照到太阳能电池上可在 pn 结及其附近激发大量的电子-空穴对，如果这些电子-空穴对产生在 pn 结附近的一个扩散长度范围内，便有可能在复合前通过扩散运动进入 pn 结的强电场区内。在强电场的作用下，电子被扫到 n 区，空穴被扫到 p 区，从而使 n 区带负电，p 区带正电。若在 pn 结两侧引出电极并接上负载，则负载中就有"光生电流"流过，从而获得功率输出，光能就直接变成了实用的电能，这就是太阳能电池的基本工作原理[27-29]。

"光生电流"过程如图 2-13 所示，主要包括两个关键步骤：第一个步骤是半导体材料吸收光子产生电子-空穴对，并且只有当入射光子的能量大于半导体的禁带宽度时，半导体内才能产生电子-空穴对。p 型半导体中的电子和 n 型半导体中的空穴处在一种亚稳定的状态，复合前存在的时间是很短暂的，若扩散前载流子发生了复合则无法产生所谓的"光生电流"；第二个步骤是 pn 结对载流子的收集。当电子-空穴对扩散到 pn 结时，pn 结的内电场能立即将电子和空穴在空间上分隔开来，从而阻止了复合的发生，电子-空穴对会被扫到相应的区域，这样就从光生少数载流子变为多数载流子，若此时负载与太阳能电池接通则就会有电流产生。图 2-14 为太阳能电池光生伏特效应示意图[20]。

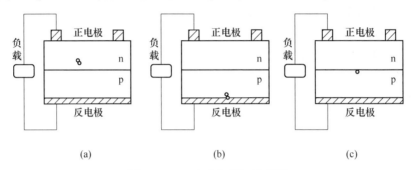

(a)　　　　　　　(b)　　　　　　　(c)

图 2-13　"光生电流"示意图

（a）吸收光子产生电子-空穴对；（b）少数载流子通过 pn 结成为多数载流子（以空穴为例）；

（c）电子通过负载后与空穴复合

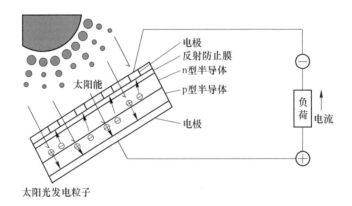

图 2-14　光生伏特效应[20]

2.5　硅电池分类

制作太阳能电池的材料是近些年来发展最快、最具活力、最受瞩目的研究领域。经过不断的努力，目前已经研究出多种不同材料、不同结构、不同用途和不同形式的太阳能电池。据此太阳能电池有多种分类方法，根据太阳能电池制作材料的不同，可以分为以下几种：硅基太阳能电池、有机聚合物太阳能电池、染料敏化太阳能电池、量子点敏化太阳能电池和无机半导体纳米晶薄膜太阳能电池（碲化镉太阳能电池、砷化镓多结太阳能电池、铜铟镓硒太阳能电池和铜锌锡硫硒太阳能电池）等。下面将对硅基电池各方面进行分项阐述。

晶体硅太阳能电池，是目前市场上的主导产品。晶体硅太阳能电池以硅半导体材料的光生伏特效应为工作原理。一般基于 pn 结的结构基础上，在 n 型结上面制作金属栅线，作为正面电极；在整个背面制作金属膜，作为背面欧姆接触电极，从而形成晶硅太阳能电池。一般在整个表面上再覆盖一层减反射膜或在硅表面制作绒面用来减少太阳光的反射。晶体硅太阳能电池主要有单晶硅太阳能电池、多晶硅太阳能电池、薄膜硅太阳能电池等。

2.5.1 单晶硅太阳能电池

把单晶硅棒切成薄片，厚度一般在 0.3mm 左右，经过抛磨、清洗等工艺制成待加工的硅片。若把待加工的硅片制作成硅太阳能电池单片，首先要在硅片上进行掺杂和扩散工艺，通常把硼、磷、锑等作为掺杂物，在石英管制成的扩散炉中进行扩散，这样在硅片上就形成了 pn 结。然后采用丝网印刷工艺，把银浆印在硅片上做成栅线，经过烧结，同时制成背电极，如图 2-15 所示[30]。在单晶电池中，目前所研发的 n 型单晶电池的产业化水平在 21%~24%，p 型单晶电池的国内产业化水平在 18.7%~19.2%，海外在 19.2%~20%。通过抽查、检验、筛选，把合格的单片电池组装成太阳能电池板，再用串并联法构成一定的输出电压和电流供生产和生活中使用。单晶硅太阳能电池的光电转换效率相对较高，存在的缺陷也相对很少。

图 2-15　单晶硅太阳能电池片

由于单晶硅一般采用钢化玻璃以及防水树脂进行封装，因此坚固耐用，使用寿命一般可达 15~25 年。单晶硅太阳能电池的构造和生产工艺已定型，产品已广泛用于空间和地面。但这种太阳能电池以高纯的单晶硅棒为原料[31]，为了节省硅材料，发展了多晶硅薄膜和非晶硅薄膜作为单晶硅太阳能电池的替代产品。

2.5.2 多晶硅太阳能电池

单晶硅太阳能电池在生产中对原材料的纯度要求比较高，而原材料的制作工艺也很复杂，并且电耗也比较大，在制造太阳能电池总成本中超过 1/2。因此，20 世纪 80 年代以来，欧美一些国家对多晶硅太阳能电池进行了研制开发，图 2-16

即为多晶太阳能电池片[32]。多晶硅太阳
能电池片与单晶硅太阳电池片的制作工
艺相似，但多晶硅太阳能电池的光电转
换效率要低很多。2004 年 7 月日本夏普
公司上市的多晶硅太阳能电池效率为
14.8%，是当时世界上光电转换效率最高
的多晶硅太阳能电池。目前，多晶硅电
池的产业化水平提升至 17%～17.5%。而
在制作成本方面，多晶硅太阳能电池的
成本要低于单晶硅太阳能电池的制作成

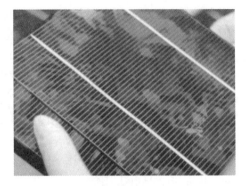

图 2-16　多晶硅太阳能电池片

本。多晶硅太阳能电池的使用寿命也要比单晶硅太阳能电池短。多晶硅太阳能电
池的生产需要消耗大量的高纯硅材料，而制造这些材料工艺复杂，电耗很大，在
太阳能电池生产总成本中已超 1/2。

　　针对目前多晶硅电池大规模生产的特点，提高转换效率的主要创新点有以下
几个方面：
　　（1）高产出的各向同性表面腐蚀以形成绒面；
　　（2）简单、低成本的选择性扩散工艺；
　　（3）具有创新的、高产出的扩散和 PECVD 沉积 SiN 淀积设备；
　　（4）降低硅片的厚度；
　　（5）背电极的电池结构和组件。

2.5.3　薄膜硅太阳能电池

　　薄膜硅太阳能电池如图 2-17 所示[33]。与单晶硅太阳能电池和多晶硅太阳能
电池相比最大的区别就是薄膜硅太阳能电池非常柔软，可以根据具体需求设计所
需的形状，适合于汽车、屋顶、墙壁等不同方面。薄膜硅太阳能电池依据材料微
结构的不同，分为单晶硅、多晶硅、非晶硅和微晶硅薄膜电池。单晶硅薄膜太阳
能电池是发展最快的一种薄膜电池，通常用于
空间和地面；多晶硅薄膜太阳能电池的光电转
换效率比较高，并且性能比较稳定，但需要较
长的热处理工艺过程，并且需要耐高温的硼硅
玻璃或陶瓷作为衬底；从 20 世纪 70 年代人们
就已经开始在廉价衬底上沉积多晶硅薄膜，通
过对生长条件的不断摸索，现已经能够制备出
性能较好的多晶硅薄膜太阳能电池。目前制备
多晶硅薄膜太阳能电池大多数采用低压化学气

图 2-17　薄膜硅太阳能电池片

相沉积法（LPCVD）、溅射沉积法、液相外延法（LPPE）。化学气相沉积主要是以 SiH_4、SiH_2Cl_2、$SiHCl_3$ 或 $SiCl_4$ 为反应气体，在一定的保护气氛下反应生成硅原子并沉积在加热的衬底上，衬底材料一般选用 Si、SiO_2、Si_3N_4 等。研究发现，首先在衬底上沉积一层非晶硅层，经过退火使晶粒长大，然后在这层较大的晶粒上沉积一层较厚的多晶硅薄膜。该工艺所采用的区熔再结晶技术是制备多晶硅薄膜中最重要的技术。多晶硅薄膜太阳能电池的制作技术和单晶硅太阳能电池相似，前者通过了再结晶技术制得的太阳能电池其转换效率明显提高。德国费莱堡太阳能研究所采用区熔再结晶技术在 FZSi 衬底上制得的多晶硅薄膜太阳能电池转换效率为 19%，日本三菱公司用该方法制备转换效率为 16.42% 的电池，美国 Astropower 公司采用 LPE 法制备的多晶硅薄膜太阳能电池，其转换效率达到 12.2%。北京太阳能研究所采用快速热化学气相沉积法（RTCVD）在重掺杂的单晶硅衬底上制备了多晶硅薄膜太阳能电池，效率达到 13.61%。鉴于多晶硅薄膜太阳能电池可以沉积在廉价衬底上，且无效率衰减问题，因此与非晶硅薄膜太阳能电池相比，具有转换效率高、成本低廉等优点，所以具有很大市场发展潜力。

众所周知，影响太阳能电池应用的两个关键问题：提高转换效率和降低成本。由于非晶硅薄膜太阳能电池的成本低，便于大规模生产，受到人们的普遍重视并得以迅速发展。在 20 世纪 70 年代初就已经开始了对非晶硅电池的研制工作，近几年更是得到了迅速发展。尽管非晶硅是一种很好的太阳能电池材料，但由于其光学带隙仅为 1.7eV，使得材料本身对太阳辐射光谱的长波区域不敏感，这样一来就限制了非晶硅太阳能电池的转换效率。此外，非晶硅薄膜太阳能电池光电效率会随着光照时间的延续而衰减，即所谓的光致衰退 S-W 效应，使得电池性能不稳定。解决这些问题的途径之一就是制备叠层太阳能电池，叠层太阳能电池是由在制备的 p、i、n 层单结太阳能电池上再沉积一个或多个 p-i-n 子电池制得的。叠层太阳能电池提高转换效率、解决单结电池不稳定性的关键问题在于：（1）它把不同禁带宽度的材料组合在一起，提高了光谱的响应范围；（2）顶电池的 i 层较薄，光照产生的电场强度变化不大，保证 i 层中的光生载流子抽出；（3）底电池产生的载流子约为单电池的一半，光致衰退效应减小；（4）叠层太阳能电池各子电池是串联在一起的。

非晶硅薄膜太阳能电池的制备方法有很多，其中包括反应溅射法、PECVD 法、LPCVD 法等，反应原料气体为 H_2 稀释的 SiH_4，衬底主要为玻璃及不锈钢片，制成的非晶硅薄膜经过不同的电池工艺过程可分别制得单结电池和叠层太阳能电池。目前非晶硅太阳能电池的研究取得两大进展：（1）三叠层结构非晶硅太阳能电池转换效率达到 13%，创下新的纪录；（2）三叠层太阳能电池年生产能力达 5MW。美国联合太阳能公司（VSSC）制得的单结太阳能电池最高转换效率为 9.3%，三带隙三叠层电池最高转换效率为 13%。上述最高转换效率是在小面积（0.25cm²）电池上取得的。曾有文献报道单结非晶硅太阳能电池转换效率超过12.5%；日本中央研究院采用一系列新措施，制得了转化效率为13.2%的非晶硅电池。国内关于非晶硅薄膜电池特别是叠层太阳能电池的研究并不多，南开大学耿新华等人采用工业材料，以铝背电极制备出面积为20cm×20cm、转换效率为8.28%的a-Si/a-Si叠层太阳能电池。非晶硅太阳能电池由于具有较高的转换效率和较低的成本及质量轻等特点，有着极大的潜力。但由于稳定性不高，直接影响了实际应用。如果能进一步解决稳定性及提高转换率等问题，那么非晶硅太阳能电池无疑是太阳能电池的主要发展产品之一。

微晶硅具有单晶硅高稳定、非晶硅节省材料、低温大面积沉积的优点，而且可将光谱响应扩展到红外光（$\lambda > 800nm$），其提高效率的潜力很大，被国际公认为新一代硅基薄膜太阳电池材料。

微晶硅材料和电池的制备方法和非晶硅基本上是一样的，只是通过改变沉积参数来改变沉积材料的结构，因此工艺基本上是兼容的。目前国际上基本采用VHF-PECVD法来获得微晶硅薄膜较高速率的沉积效果。微晶硅与非晶硅比，具有更好的结构有序性，用微晶硅薄膜制备的太阳能电池几乎没有衰退效应。另外，微晶硅材料结构的有序性使得载流子迁移率相对较高，也有利于电极对光生电子-空穴对的收集。因此，微晶硅同时具备晶体硅的稳定性、高效性和非晶硅的低温制备特性等低成本优点。但是，微晶硅材料的缺点就是吸收系数比较低，需要比较厚的吸收层，而一般情况下微晶硅的沉积速率又比较慢，所以影响了生产效率。同时，微晶硅带隙较窄，不能充分利用太阳光谱，制作出来的单结微晶硅电池效率并不是特别高。

微晶硅太阳能电池的工作原理与pn结太阳能电池一样，都是基于pn结的光伏效应。由于微晶硅材料中的少数载流子扩散长度小于$1\mu m$，掺杂层中的扩散长度可能更短，所以微晶硅电池采用pn结构是不可行的，因为这种结构的太阳能电池是利用扩散来收集光生载流子的。微晶硅电池采用了在pn层之间加入一本征层结构，本征层电场的存在有助于光生载流子的收集，此时光生载流子的收集依赖于电场作用下的漂移运动，从而克服了微晶硅扩散长度小带来的限制，大大提高了载流子的收集效率。

2.6 高效硅太阳能电池技术

目前高效晶体硅电池包括以下几种：钝化发射极背部局域扩散（PERL）电池、具有非晶硅薄膜单晶硅衬底的异质节结构太阳能（HIT）电池、交替式背电极接触（IBC）电池、金属电极绕通太阳能（MWT）电池以及钝化发射极和背面（PERC）电池。

2.6.1 IBC 电池

n 型高效单晶硅电池优势逐渐显现，具有优异的光利用率的 IBC 太阳能电池结构被认为是高效晶硅太阳能电池研发的必要条件。IBC 电池的结构特点在于正面无栅线、正负电极均在背面形成交叉排列结构。这种正面无遮挡结构完全消除了栅线电极造成的遮蔽损耗，实现入射光子的最大利用化，从而有效提高电池效率和发电量。随着工艺的优化以及技术的升级，IBC 太阳能电池将在未来光伏市场占据重要位置。

自背接触太阳能电池概念被提出，最先主要用于聚光系统，经过多年的发展，衍生出叉指背接触太阳能电池[34]。2004 年 Sunpower 公司研发的 IBC 太阳能电池在 149cm² 的 n 型基体上光电转换效率为 21.5%[35]。随着研究的不断深入，2014 年 Sunpower 公司将 IBC 太阳能电池光电转换效率提升到了 25.2%[36]。除此之外，2017 年天合光能公司[37]通过自主研发，在 6in（1in＝2.54cm）的 n 型单晶硅上实现了 24.13% 的 IBC 太阳能电池光电转换效率。2019 年，黄河水电公司建立国内首条 IBC 电池量产线，获得 23.7% 的量产 IBC 太阳能电池光电转换效率[38]。

IBC 太阳能电池与其他晶硅电池在结构上有明显区别，其主要特征在于 IBC 太阳能电池的正面无金属栅线，发射极和背场以及对应的正负金属电极呈叉指状集成在电池的背面，其结构示意图如图 2-18[37]所示。图中 BSF 为背表面场，ARC 为减反射层。这种独特的结构能够最大限度地利用入射光，减少光学损失，从而获得更大的短路电流，有效提高 IBC 太阳能电池的光电转换效率。2017 年 Y. S. Kim 等人[39]采用离子注入工艺分别进行硼和磷掺杂制备的 IBC 太阳能电池获得了 22.9%（5in 硅片）的光电转换效率。激光掺杂工艺简单，常温可制备但其需要精确对位。2017 年 M. Dahlinger 等人[40]采用激光掺杂的方式制备了单元电池宽度小于 500μm 的 IBC 太阳能电池，获得了 23.24% 的电池光电转换效率。合光能公司一直致力于 IBC 单晶硅电池的研发，2017 年 5 月自主研发的直径 6in（243.2cm²）n 型单晶硅 IBC 电池，效率达到 24.13%[41]；2018 年，该电池的效

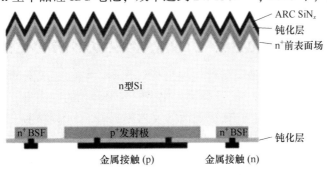

图 2-18 IBC 太阳能电池结构示意图

率进一步提高到 25.04%，开路电压达到 715.6mV，并通过了日本电气安全与环境技术实验室（JET）独立测试认证。这是迄今为止经第三方权威认证的中国本土效率首次超过 25% 的单结单晶硅太阳能电池，也是目前世界上大面积 6in 晶体硅衬底上制备的单晶硅太阳能电池的最高转换效率。

2.6.2 PERC 电池

PERC 电池（passivated emitterand rear cell）即发射极与背面双面钝化太阳能电池。1989 年澳洲新南威尔士大学的马丁格林研究组首次正式报道了 PERC 电池结构，当时在实验室中达到 22.8% 光电转化率。PERC 电池与常规电池最大的不同在于，PERC 电池采用了背表面介质膜钝化，采用局部金属接触，很大程度上减少了背表面的少数载流子复合速率，同时提升了背表面的光反射，增加了光的利用。

PERC 电池能有效地解决硅片变薄导致的低量子效率和背复合增加。与传统的设计成熟的电池相比，PERC 电池在工艺上在单层或多层的钝化膜后，使用激光在背表面钝化膜刻出窗口，在窗口上印刷电极，使硅与电极产生欧姆接触的感应电流。其余的过程基本上与传统的太阳能电池技术相同。图 2-19 为 PERC 电池结构示意图。

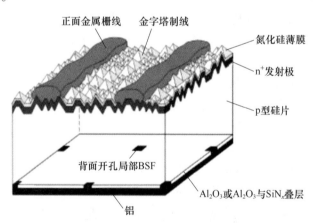

正面金属栅线　金字塔制绒　氮化硅薄膜　n^+ 发射极　p 型硅片　背面开孔局部 BSF　Al_2O_3 或 Al_2O_3 与 SiN_x 叠层　铝

图 2-19　PERC 电池结构示意图

图 2-20 为 PERC 电池与传统电池结构对比图。与已经成熟的传统设计的电池相比，在其背表面增加一层或叠层钝化膜能够提升光的利用率。在钝化薄膜之外，再丝网印刷 Al 能够把光在背表面的反射率提升至 90% 以上，让本已射出硅片的具有较长波长的光再次被电池利用，达到提高内量子效率和改善红光响应的目的；而且，由于 SiO_2、Al_2O_3 等钝化膜与硅接触时形成的 p^+/p 电场减弱了少数载流子涌向位于电池背表面的复合中心，降低了表面复合；此外，使用 PECVD

技术制备的 SiN$_x$、SiON$_x$ 背面钝化薄膜中由于含有 H，可以在硅片表面与因切割形成的表面悬挂键结合，从而有效减小在电池背面因为表面复合而带来的效率损失，提升电池的开路电压、短路电流等关键参数。

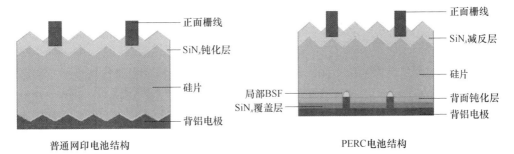

图 2-20　PERC 电池与传统网印电池的结构对比

2.6.3　HIT 电池

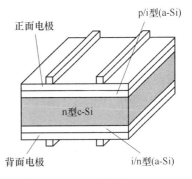

图 2-21　HIT 太阳能电池的
结构示意图

HIT 太阳能电池是一种利用晶体硅基板和非晶硅薄膜制成的混合型太阳能电池。所谓 HIT 结构就是在 p 型氢化非晶硅和 n 型氢化非晶硅与 n 型硅衬底之间增加一层非掺杂（本征）氢化非晶硅薄膜。采取该工艺后，改变了 pn 结的性能，大大提高了转换效率，并且全部工艺均可以在 200℃ 以下实现。图 2-21 为 HIT 太阳能电池的结构示意图[42]。

2.6.3.1　HIT 太阳能电池的工作原理

以 n 型单晶硅为衬底的电池为例，HIT 太阳能电池的工作原理：当光照在 HIT 电池表面上时，首先被 p$^+$-a-Si 层吸收，作为激发产生载流子的能量。p$^+$-a-Si 和 n-c-Si 形成 pn 结，跟同质 pn 结一样，在内建电场的作用下，p 区中的少数载流子（光生电子 e$^-$）将会漂移到 n-c-Si 中，n-c-Si 中的少数载流子（空穴 h$^+$）同样会受力漂移到 p$^+$-a-Si 层，于是在异质结两侧就会随之出现光生电荷的聚集累积，从而产生光电压，产生了异质结的光生伏特效应。在 HIT 太阳能电池结构里，n-c-Si 为吸收层，光学带隙比较小，为 1.12eV 左右，c-Si 的作用：一是形成 pn 结，产生内建电场；二是在光照条件下产生载流子（作为吸收层）；三是与背面 a-Si 形成背电场。i-a-Si 层对于整个体系十分重要，其作用是钝化 c-Si，减少载流子的复合，从而增大电流。n$^+$-a-Si 作为背电场，与 n 型的 c-Si 形成 n-n$^+$结构，形成 n$^+$区指向 n 区的内建电场，相当于一个钝化场，极大地减小了载流子的复合。透明导电氧化物 TCO，如 ITO 等作为电极。另外 a-Si 层和

TCO 层的光学带隙分别为 1.7eV 和 4.0eV 左右，比 c-Si 带隙大有利于更多的光到达 c-Si 层。

2.6.3.2 HIT 太阳能电池的特点

HIT 电池采用非晶硅薄膜/单晶硅衬底异质结的结构，这是 HIT 太阳能电池与传统电池最大的不同之处，它结合了单晶硅和非晶硅太阳能电池的优点，主要包括以下几个方面：

（1）简单的对称结构。HIT 太阳能电池结构简单，且具有对称特性，不需要复杂的制备工艺技术，有利于电池的薄片化，大大地减少了成本；简单的结构允许低温过程制备，减少了能量的消耗，并能得到较长的少子寿命，从而有利于得到性能优异的 HIT 电池。正反两面都采用栅状电极结构，形成双面电池，这样的对称特性有利于降低整个器件在工作过程的热量，并且起到了降低机械应力的作用。同时，这样的结构使背面允许有光的进入，作为双面电池使用，不仅增大了太阳光的利用率，还同时提高了电池的转换效率。

（2）非晶硅层的利用。非晶硅层一方面有利于宽谱带的吸收，因为其禁带宽度要大于晶体硅的禁带宽度，晶体硅同质结太阳能电池可吸收太阳能的波长范围为 $0.3 \sim 1.1\mu m$，该波长范围的光占总波长的 46%。非晶硅的利用可以吸收晶体硅不能利用的波长较小的光，起到展宽太阳能吸收光谱的作用，从而达到提高转换效率的作用；另一方面，非晶硅层与晶体硅形成的异质结可以增大内建电场，增大注入结两侧的非平衡少子电流，从而起到了增大短路电流和开路电压的作用。

（3）低温工艺。HIT 太阳能电池由于采用 a-Si 层与 c-Si 来形成 pn 结，因此不存在传统制备 pn 结所需的高温过程，在低温（< 250℃）下就可以制备完成。这样不仅能够节约能源，还可以较精确地控制 a-Si：H 薄膜的掺杂和厚度，从而在工艺上优化器件特性。采用低温技术可得到较长的少子寿命，使电池具有优越的性能。除此之外，衬底材料可采用"低质量"且廉价的晶体硅，甚至多晶硅，因为低温过程不会对硅衬底造成性能方面的退化。在衬底厚度方面，最低可达到衬底光吸收材料的光学所要求的最低值（约 $80\mu m$），因为单晶硅片在低温沉积过程中弯曲和变形程度小，不会对电池的性能产生不利影响。可见，低温制备过程带来的不仅是工艺上的优势，也在很大程度上节约了电池的成本。

（4）高效率。HIT 太阳能电池效率达到了 26.7%[43]，且具有比体硅电池更高的开路电压 U_{oc}，原因之一就是其独特的具有 i-a-Si 层的异质结结构，其重要性如前所述，作为缓冲层不仅减少了表面的悬挂键，钝化了异质结界面，还调节了能带偏移，减少了界面态密度，从而减小了隧穿电流，增大了开路电压 U_{oc}，电池的转换效率随之得到提高。这种双面对称结构的电池可以充分地利用太阳能，封装成双面电池组件后，其年平均发电量与单面电池组件相比多出 10% 以上，带来更大的效益。

（5）高稳定性。对非晶硅薄膜太阳能电池而言，随着光照时间延长，其转换效率会有所下降，此即为 Staebler-Wronski 效应。而在 HIT 太阳能电池的 a-Si：H 中并没有发现类似的现象，这就使得在长时间的光照情况下也能得到较好的输出，因此 HIT 太阳能电池的光照稳定性很好。另外，HIT 电池的温度稳定性也同样优秀，因为 HIT 电池的温度系数仅为 -0.25%/℃，远优于单晶硅电池的温度系数-0.55%/℃，因此 HIT 电池在长时间光照温度升高的情况下，仍然会有高输出和高转换效率。

（6）低成本。如前所述，HIT 太阳能电池的厚度较薄且可以保持衬底硅片不变形，可以很大程度上节省硅材料，如日本松下公司制备出厚度仅为 98μm，但效率高达 24.7% 的 HIT 太阳能电池[44]，也曾尝试过 58μm 厚度的 HIT 太阳能电池，得到的结果是其开路电压 U_{oc} 高达 747 mV，但电流密度偏低；另外，低温制备过程不仅可以减少过多的能量损耗，并且因为低温损伤小可允许使用"低质量"廉价的衬底，从而使电池逐渐向低成本、高效率的方向不断发展，扩大市场应用范围。

（7）发电量大。HIT 太阳能电池具有普通晶硅电池更大的转换效率，其单位面积的发电量会比常规的太阳能电池组件多近 30% 的发电量，这使得在相同可利用面积的情况下，HIT 太阳能电池组件的应用更加有利。另外由于其温度稳定性优异，所以在高温环境下也能带来高的发电量，在组件温度达到 82℃ 的情况下，其发电量仍然能比常规太阳能电池多 13% 左右。还有 HIT 电池的双面对称结构的利用，使正面和背面都可发电，充分利用太阳光能，其年平均发电量与单面电池组件相比多出 10% 以上。这种高效率和大发电量让 HIT 太阳能电池在市场化应用中占据有利地位，特别适合分布式发电，尤其是屋顶光伏电站。

（8）适合大面积生产。HIT 电池的工艺简便快速，可在短时间内完成整个电池的制作，可在很大程度上减少人力和物力的浪费，特别是在市场商业化的应用上，能极大地节省成本，有利于大面积生产的市场化应用。另外，HIT 电池高的转化效率和大的发电量使它在市场化应用上具有更大的吸引力，而且它应用灵活、安装方便，可与建筑物结合，不需要支架，可作为屋顶的瓦片使用，甚至可以垂直安装，作为围栏等。

参 考 文 献

［1］王月. 非真空法制备薄膜太阳能电池［M］. 北京：冶金工业出版社，2014.

［2］CARLSON D E, WRONSKI C R. Solar cells using discharge-produced amorphous silicon［J］. Journal of Electronic Materials, 1977, 6（2）：95-106.

［3］WINDER C, HUMMELEN J C, BRABEC C J, et al. Sensitization of low band gap polymer bulk hetero junction solar cells［J］. Thin Solid Films, 2002, 403-404：373-379.

［4］ MESKERS S C J, HUBNER J, BIISSLER H, et al. Dispersive relaxation dynamics of photo excitations in apolyfluorene film involving energy transfer: experiment and Monte Carlo simulations ［J］. J Phys Chem B, 2001, 105 (38): 9139-9149.

［5］ 刘世友. 铜铟硒太阳电池的生产与发展 ［J］. 太阳能, 1999 (2): 16-17.

［6］ 吕芳. 太阳能发电 ［M］. 北京: 化学工业出版社, 2009.

［7］ 王长贵. 太阳能 ［M］. 北京: 能源出版社, 1985.

［8］ 黄汉云. 太阳能光伏发电应用原理 ［M］. 北京: 化学工业出版社, 2009.

［9］ 沈辉. 太阳能光伏发电技术 ［M］. 北京: 化学工业出版社, 2005.

［10］ 李申生. 太阳能物理学 ［M］. 北京: 首都师范大学出版社, 1996.

［11］ 冷长庚. 太阳能及其利用 ［M］. 北京: 科学出版社, 1975.

［12］ 练亚纯. 太阳能的利用 ［M］. 北京: 北京人民出版社, 1975.

［13］ 杨金焕. 太阳能光伏发电应用技术 ［M］. 北京: 电子工业出版社, 2009.

［14］ 王志娟. 太阳能光伏技术 ［M］. 杭州: 浙江科学技术出版社, 2009.

［15］ 高中林. 太阳能的转换 ［M］. 南京: 江苏科学技术出版社, 1985.

［16］ 黄昆, 韩汝琦. 半导体物理基础 ［M］. 北京: 科学出版社, 1979.

［17］ 郝跃. 微电子概论 ［M］. 北京: 高等教育出版社, 2003.

［18］ 吕淑媛, 刘崇琪, 罗文峰. 半导体物理与器件 ［M］. 西安: 西安电子科技大学出版社, 2017.

［19］ 徐振邦. 半导体器件物理 ［M］. 北京: 电子工业出版社, 2017.

［20］ 陈治明, 雷天民, 马剑平. 半导体物理学简明教程 ［M］. 2 版. 北京: 机械工业出版社, 2016.

［21］ 曾云, 杨红官. 微电子器件 ［M］. 北京: 机械工业出版社, 2016.

［22］ 朱丽萍, 何海平. 宽禁带化合物半导体材料与器件 ［M］. 杭州: 浙江大学出版社, 2016.

［23］ 沈为民. 固体电子学导论 ［M］. 2 版. 北京: 清华大学出版社, 2016.

［24］ 张媛. 电工电子技术 ［M］. 西安: 西安电子科技大学出版社, 2016.

［25］ 王骥, 肖明明. 模拟电路分析与设计 ［M］. 2 版. 北京: 清华大学出版社, 2016.

［26］ 应根裕. 光电导物理及其应用 ［M］. 北京: 电子工业出版社, 1990.

［27］ 陈宜生. 物理效应及其应用 ［M］. 天津: 天津大学出版社, 1996.

［28］ 张兴, 仁贤. 太阳能光伏并网发电及其逆变控制 ［M］. 北京: 机械工业出版社, 2010.

［29］ 郭培源. 光电检测技术及应用 ［M］. 北京: 北京航空航天大学出版社, 2006.

［30］ 王志欣. 太阳能电池缺陷检测系统的研究 ［D］. 河北: 河北工业大学, 2013.

［31］ MITZI D B, TODOROV T K, GUNAWAN O, et al. Towards marketable efficiency solution processed kesterite and chalcopyrite photovoltaic devices ［C］. Conference Record of the 35th IEEE Photovoltaic Specialist Conference, 2010: 640-645.

［32］ 董磊. 柔性非晶硅薄膜太阳能电池组件与光伏建筑一体化 ［C］. 第十届中国防水技术与市场研讨会, 2010, 22: 43-46.

［33］ 邹红叶. 硅薄膜太阳能电池的原理及其应用 ［J］. 物理通报, 2009 (5): 56-57.

［34］ VERLINDEN P, WIELE F, STEHELIN G, et al. An interdigitated back contact solar cell with

high efficiency under concent rated sunlight ［C］//Proceedings of the 7th E. C. Photovoltaic So-
lar Energy Conference. Sevilla, Spain, 1986：885-889.

［35］MULLIGAN W P, ROSE D H, CUDZINOVIC M J, et al. Manufacture of solar cells with 21%
efficiency ［C］//Proceedings of the 19th European Photovoltaic Solar Energy Conference. Paris,
France, 2004：387-391.

［36］SMITH D D, COUSINS P, WESTERBERG S, et al. Toward the practical limits of silicon solar
cells ［J］. IEEE Journal of Photovoltaics, 2014, 4 (6)：1465-1469.

［37］XF. 天合光能 IBC 电池效率超过 24% ［J］. 军民两用技术与产品, 2017 (11)：35.

［38］陈悦. 青海产 IBC 电池量产平均效率再突破 ［N］. 西海都市报, 2020-6-3 (A02).

［39］KIM Y S, MO C, LEE D Y, et al. Gapless point back surface field for the counter doping of
large-area interdigitated back contact solar cells using a blanket shadow mask implantation
process ［J］. Progress in Photovoltaics, 2017, 25 (12)：989-995.

［40］DAHLINGER M, CARSTENS K, HOFFMANN E, et al. 23. 2% laser processed back contact
solar cell：fabrication, characterization and modeling ［J］. Progress in Photovoltaics Research &
Applications, 2017, 25 (2)：192-200.

［41］穆红岩, 姚甜甜, 张志勇, 等. 太阳能电池转换效率研究进展 ［J］. 科技创新导报,
2018, 15 (17)：111.

［42］沈文忠. 面向下一代光伏产业的硅太阳能电池研究新进展 ［J］. Chinese Journal of
Nature, 2010, 32 (3)：134-142.

［43］YOSHIKAWA K, KAWASAKI H, YOSHIDA W, et al. Silicon heterojunction solar cell with
interdigitated back contacts for a photoconversion efficiency over 26% ［J］. Nature Energy,
2017, 2 (5)：17032.

［44］TAGUCHI M, YANO A, TOHODA S, et al. 24. 7% record efficiency HIT solar cell on thin
silicon wafer ［J］. IEEE Journal of Photovoltaics, 2013, 4 (1)：96-99.

3 硅电池制备工艺及检测技术

硅就是构成地球上矿物界的主要元素，在地壳中的丰度为 27.7%，在所有的元素中居第二位。地壳中含量最多的元素氧和硅结合形成的二氧化硅 SiO_2，占地壳总质量的 87%。由于硅易于与氧结合，自然界中没有游离态的硅存在。硅元素符号 Si，原子序数 14，相对原子质量 28.09，硅有晶态和无定形两种同素异形体。晶态硅又分为单晶硅和多晶硅，它们均具有金刚石晶格，晶体硬而脆，具有金属光泽，能导电，但电导率不及金属，且随温度升高而增加，具有半导体性质。晶态硅的熔点为 1410℃，沸点为 2355℃，无定形硅是一种黑灰色的粉末。

3.1 硅材料的制备

硅材料来源于优质石英砂，也称硅砂，主要成分是高纯的二氧化硅（SiO_2），含量一般在 99% 以上。通常把 95%~99% 纯度的硅称为粗硅或者工业硅，是用石英砂与焦炭在碳电极的电弧炉中还原制得的，反应温度为 1600~1800℃，其反应为

$$SiO_2(s) + 2C(s) \rightleftharpoons Si(s) + 2CO(g) \tag{3-1}$$

粗硅中杂质多，主要有 Fe、Al、C、B、P、Cu 等，其中 Fe 含量最多。可用酸洗法初步提纯，高纯硅还需进一步提纯。由粗硅合成 $SiHCl_3$（改良西门子法）或 $SiCl_4$（四氯化硅氢还原法）或 SiH_4（硅烷热解法）中间体，精馏提纯后，用氢气还原或热分解而制得多晶硅，三种方法各有特点，改良西门子法是当前制取多晶硅的主要方法。

3.1.1 西门子法

西门子法的工艺流程分为如下三个部分：

（1）$SiHCl_3$ 的制备。$SiHCl_3$ 的制备，用粗硅与干燥氯化氢在 200℃ 以上反应，反应式如下：

$$Si + 3HCl \rightleftharpoons SiHCl_3 + H_2 \tag{3-2}$$

除生成 $SiHCl_3$ 外，还可能生成 SiH_4、SiH_3Cl、SiH_2Cl_2、$SiCl_4$ 等各种氯化硅烷，其中主要的副反应是

$$2Si + 7HCl \rightleftharpoons SiHCl_3 + SiCl_4 + 3H_2 \tag{3-3}$$

$SiHCl_3$ 又称硅氯仿，结构与 $SiCl_4$ 相似，为四面体型。$SiHCl_3$ 稳定性稍差，

易水解, 水解反应式如下:

$$SiHCl_3 + 2H_2O \xrightarrow{\hspace{1cm}} SiO_2 + 3HCl + H_2 \qquad (3-4)$$

$SiHCl_3$ 制备过程中需注意以下几点:

1) 合成温度宜低, 温度过高易生成副产物。常加少量铜粉或银粉作为催化剂。

2) 反应放热, 常通入 Ar 或 N_2 带走热量以提高转化率。

3) 须严格控制环境无水无氧。因为 $SiHCl_3$ 水解产生的 SiO_2 会堵塞管道引起事故。而氧气则会与 $SiHCl_3$ 或 H_2 反应, 引起燃烧或爆炸。

(2) $SiHCl_3$ 的提纯。由于工业合成的 $SiHCl_3$ 中含有一定量的 $SiCl_4$ 和多种杂质的氯化物, 必须将其除去。提纯方法有配合物形成法、固体吸附法、部分水解法和常用的精馏法。

精馏提纯是利用混合液中各组分的沸点不同 (挥发性的差异) 来达到分离各组分的目的。在精馏塔中, 上升的气相与下降的液相接触, 通过热交换进行部分汽化和冷凝来实现质量交换, 经过多次的交换来达到几乎完全分离各组分的提纯方法。

(3) $SiHCl_3$ 到多晶硅。精馏提纯后的 $SiHCl_3$ 用高纯氢气还原得到多晶硅, 反应式如下:

$$SiHCl_3 + H_2 \xrightarrow{\hspace{1cm}} Si + 3HCl \qquad (3-5)$$

超纯 $SiHCl_3$ 液体通过高纯气体携带进入充有大量氢气的还原炉中, 在加热的环境中, 细长硅芯将生长到直径 150mm 左右。这样得到的硅棒可作为区熔法生长单晶硅的原料, 也可破碎后作为直拉单晶硅法生长单晶硅棒的原料。

改良西门子工艺是在传统西门子工艺的基础上发展而来的, 同时具备节能、降耗、回收利用生产过程中伴随产生的大量 H_2、HCl、$SiCl_4$ 等副产物以及大量副产热能的配套工艺。目前世界上绝大部分厂家均采用改良西门子法生产多晶硅。改良工艺流程如图 3-1 所示。

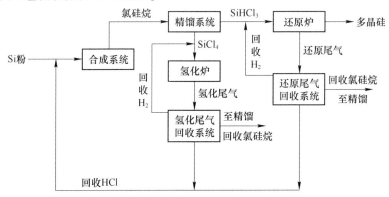

图 3-1 改良西门子法工艺流程

改良西门子法相对于传统西门子法的优点主要在于：

（1）节能。由于改良西门子法采用多对棒、大直径还原炉，可有效降低还原炉消耗的电能。

（2）降低物耗。改良西门子法对还原尾气进行了有效的回收。所谓还原尾气是指从还原炉中排放出来的，经反应后的混合气体。改良西门子法将尾气中的各种组分全部进行回收利用，这样就可以大大降低原料的消耗。

（3）减少污染。由于改良西门子法是一个闭路循环系统，多晶硅生产中的各种物料得到充分的利用，排出的废料极少，相对传统西门子法而言，污染得到了有效控制。

3.1.2 硅烷热解法

在高纯硅的制备方法中，最有发展前途的是硅烷热分解法。这种方法的整个工艺流程可分为三个部分：SiH_4 的合成、提纯和热分解。

（1）硅烷的合成。硅化镁热分解生成硅烷是目前工业上广泛采用的方法。硅化镁（Mg_2Si）是将硅粉和镁粉在氢气（也可在真空或氩气中）中加热至 $500 \sim 550 ℃$ 时混合合成的，其反应式如下：

$$2Mg + Si \Longrightarrow Mg_2Si \tag{3-6}$$

然后使硅化镁和固体氯化铵在液氨介质中反应得到硅烷：

$$Mg_2Si + 4NH_4Cl \Longrightarrow SiH_4\uparrow + 2MgCl_2 + 4NH_3\uparrow \tag{3-7}$$

其中液氨不仅是介质，而且它还提供一个低温的环境。这样所得的硅烷比较纯，但在实际生产中尚有未反应的镁存在，所以会发生如下的副反应：

$$Mg + 2NH_4Cl \Longrightarrow MgCl_2 + 2NH_3 + H_2\uparrow \tag{3-8}$$

所以生成的硅烷气体中往往混有氢气。生产中所用的氯化铵一定要干燥，否则硅化镁与水作用生成的产物不是硅烷，而是氢气，其反应式如下：

$$2Mg_2Si + 8NH_4Cl + 3H_2O \Longrightarrow 4MgCl_2 + Si_2H_2O_3 + 8NH_3\uparrow + 6H_2\uparrow \tag{3-9}$$

由于硅烷在空气中易燃，浓度高时容易发生爆炸，因此整个系统必须与氧隔绝，严禁与外界空气接触。

（2）硅烷的提纯。硅烷在常温下为气态，一般来说气体提纯比液体和固体容易。因为硅烷的生成温度低，大部分金属杂货在这样低的温度下不易形成挥发性的氢化物，而即便能生成，也因其沸点较高难以随硅烷挥发出来，所以硅烷在生成过程中就已经过一次冷化，从而有效地除去了那些不生成挥发性氢化物的杂质。硅烷的提纯是在液氨中进行的，在低温下乙硼烷（B_2H_6）与液氨生成难以挥发的配合物（$B_2H_6 \cdot 2NH_3$）而被除去，因而生成的硅烷中不含硼杂质，这是硅烷法的优点之一。但硅烷中还有氨、氢及微量磷化氢（PH_3）、硫化氢

（H_2S）、砷化氢（AsH_3）、锑化氢（SbH_3）、甲烷（CH_4）、水等杂质。由于硅烷与它们的沸点相差较大，所以可用低温液化方法除去水和氨，再用精馏提纯除去其他杂质。此外，还可用吸附法、预热分解法（因为除硅烷的分解温度高达600℃，其他杂质氢化物气体的分解温度均低于380℃，所以把预热炉的温度控制在380℃左右，就可将杂质的氢化物分解，从而达到纯化硅烷的目的），或者将多种方法组合使用都可以达到提纯的目的。

（3）硅烷的热分解。将硅烷气体导入硅烷分解炉，在800~900℃的发热硅芯上，硅烷分解并沉积出高纯多晶硅，其反应式如下：

$$SiH_4 \Longrightarrow Si + 2H_2 \uparrow \tag{3-10}$$

工艺条件如下：

1）热分解的温度不能太低，载体的温度控制在800℃以上；

2）热分解的产物之一氢气必须随时排出，保证反应向右进行。

硅烷法由于要消耗金属镁等还原剂，成本要比三氯氢硅法高，而且硅烷本身易燃、易爆，使用时受到一定限制，但此法对去除硼杂质很有效，制成的多晶硅质量较高。

3.1.3 四氯化硅法

在早期，应用四氯化硅（$SiCl_4$）作为硅源进行钝化，主要方法是精馏法和固体吸附法。精馏法是利用 $SiCl_4$ 混合液体中各种化学组分的沸点不同，通过加热的方法将 $SiCl_4$ 和其他组分分离。固体吸附法是根据化学键的极性来对杂质进行分离。其反应过程的化学反应式为

$$SiCl_4 + 2H_2 \longrightarrow Si + 4HCl \uparrow \tag{3-11}$$

但 $SiCl_4$ 还原法对硅的收率低，因此此方法制备多晶硅已经不多见，但是在硅外延生长中仍有使用 $SiCl_4$ 做硅源的。

3.2 多晶硅的制备

直到20世纪90年代，太阳能光伏工业还是主要建立在单晶硅的基础上。虽然单晶硅太阳电池的成本在不断下降，但是与常规电力相比还是缺乏竞争力，因此不断降低成本是光伏界追求的目标。直拉单晶硅为圆片状不能有效地利用太阳能电池组件的有效空间，相对增加了太阳能电池组件的成本。西门子法等技术生产的多晶硅是通过沉积作用形成的硅粒子的简单集合体，不能满足电阻的要求，也不能直接用来切片制造太阳能电池。

将熔化的硅注入石墨坩埚中，经过浇铸或定向凝固后，即可获得掺杂均匀、晶粒较大、呈纤维状的多晶硅铸锭。现在用多晶硅浇铸炉可一次获得数百千克的

多晶硅锭，与拉制单晶硅棒相比，铸锭多晶硅的加工费用降低很多，而且铸造多晶硅技术对硅原料纯度的容忍度比直拉单晶硅高。直熔法制备铸造多晶硅的具体工艺流程如图 3-2 所示。

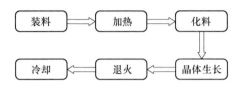

图 3-2 直熔法制备铸造多晶硅的具体工艺流程

但是铸造多晶硅具有晶界、高密度的位错、微缺陷和相对较高的杂质浓度，从而降低了太阳能电池的光电转换效率。

3.3 单晶硅的制备

当前采用直拉法生长硅单晶约占总比 80%，而其他则由区熔法生长硅单晶。采用直拉法生长的硅单晶主要用于生产低功率的集成电路元件，例如 DRAM、SRAM、ASIC 等电路。采用区熔法生长的硅单晶，因具有电阻率均匀、氧含量低、金属污染低等特性，主要用于生产高反压、大功率电子元件，例如电力整流器、晶闸管、可关断门极晶闸管（GTO）、功率场效应管、绝缘门极型晶体管（IGBT）、功率集成电路（PIC）等电子元件，同时在超高压大功率送变电设备、交通运输用的大功率电力牵引、UPS 电源、高频开关电源、高频感应加热及节能灯用高频逆变式电子镇流器等方面具有广泛的应用。

直拉法比用区熔法更容易生长获得较高氧含量（12~14mg/kg）和大直径的硅单晶棒。根据现有工艺水平，采用直拉法已可生产 150~450mm 的大直径硅单晶棒。而采用区熔法虽说已能生长出最大直径为 200mm 的硅单晶棒，但其主流产品却仍然还是直径为 100~200mm 的硅单晶。区熔法生长硅单晶能够得到最佳质量的硅单晶，但成本较高。

3.3.1 直拉法

直拉法又称乔赫拉尔基斯（Caochralski）法，简称 CZ 法，是生长半导体单晶硅的主要方法。该方法是在直拉单晶炉内，向盛有熔硅坩埚中引入籽晶作为非均匀晶核，然后控制热场，将籽晶旋转并缓慢向上提拉，单晶便在籽晶下按照籽晶的方向长大。拉出的液体固化为单晶，调节加热功率就可以得到所需的单晶棒的直径。优点是晶体被拉出液面不与器壁接触，不受容器限制，因此晶体中应力小，同时又能防止器壁沾污或接触所可能引起的杂乱晶核而形成多晶。直拉法是以定向的籽晶为生长晶核，因而可以得到有一定晶向生长的单晶。

直拉法制成的单晶完整性好，直径和长度都可以很大，生长速率也高。所用坩埚必须由不污染熔体的材料制成。因此，一些化学性活泼或熔点极高的材料，由于没有合适的坩埚，不能用此法制备单晶体，而要改用区熔法晶体生长或其他方法。直拉法单晶生长工艺流程如图 3-3 所示。在工艺流程中，最为关键的是"单晶生长"或称拉晶过程，它又分为润晶、缩颈、放肩、等径生长、拉光等步骤。

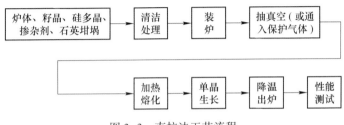

图 3-3　直拉法工艺流程

直拉法的具体步骤如下：

（1）装料。将多晶硅和掺杂剂置入单晶炉内的石英坩埚中。掺杂剂的种类应视所需生长的硅单晶电阻率而定。

（2）熔化。当装料结束关闭单晶炉门，抽真空使单晶炉内保持在一定的压力范围内，驱动石墨加热系统的电源，加热至大于硅的熔化温度（1420℃），使多晶硅和掺杂物熔化。

（3）引晶。当多晶硅熔融体温度稳定后，将籽晶慢慢下降进入硅熔融体中（籽晶在硅熔体中也会被熔化），然后具有一定转速的籽晶按一定速度向上提升，由于轴向及径向温度梯度产生的热应力和熔融体的表面张力作用，使籽晶与硅熔体的固液交接面之间的硅熔融体冷却成固态的硅单晶。

（4）缩径。当籽晶与硅熔融体接触时，由于温度梯度产生的热应力和熔体的表面张力作用，会使籽晶晶格产生大量位错，这些位错可利用缩径工艺使之消失。即使采用无位错单晶作籽晶浸入熔体后，由于热冲击和表面张力效应也会产生新的位错。因此制作无位错单晶时，需在引晶后先生长一段"细颈"单晶（直径 2~4mm），并加快提拉速度。由于细颈处应力小，不足以产生新位错，也不足以推动籽晶中原有的位错迅速移动。这样，晶体生长速度超过了位错运动速度，与生长轴斜交的位错就被中止在晶体表面上，从而可以生长出无位错单晶。无位错硅单晶的直径长大后，即使有较大的冷却应力也不易被破坏。

（5）放肩。在缩径工艺中，当细颈生长到足够长度时，通过逐渐降低晶体的提升速度及温度调整，使晶体直径逐渐变大而达到工艺要求的目标值，为了降低晶棒头部的原料损失，目前几乎都采用平放肩工艺，即肩部夹角呈 180°。

（6）等径生长。在放肩后当晶体直径达到工艺要求直径的目标值时，再通过逐渐提高晶体的提升速度及调整温度，使晶体生长进入等直径生长阶段，并使晶体直径控制在大于或接近工艺要求的目标公差值。在等径生长阶段，对拉晶的各项工艺参数的控制非常重要。由于在晶体生长过程中，硅熔融体液面逐渐下降及加热功率逐渐增大等各种因素的影响，使得晶体的散热速率随着晶体的长度增长而递减。因此固液交接界面处的温度梯度变小，从而使得晶体的最大提升速度随着晶体长度的增长而减小。

（7）收尾。晶体的收尾主要是防止位错的反延，一般来说，晶体位错反延的距离大于或等于晶体生长界面的直径，因此当晶体生长的长度达到预定要求时，应该逐渐缩小晶体的直径，直至最后缩小成为一个点而离开硅熔融体液面，这就是晶体生长的收尾阶段。

直拉法晶体生长设备的炉体，一般由金属（如不锈钢）制成。利用籽晶杆和坩埚杆分别夹持籽晶和支承坩埚，并能旋转和上下移动，坩埚一般用电阻或高频感应加热。图 3-4 为直拉法制备单晶硅的示意图。炉内气氛可以是惰性气体也可以是真空。使用惰性气体时压力一般是 1 个大气压（1atm = 101325Pa），也有用减压的（如 5 ~ 50mTor，1Torr = 133.3224Pa）。

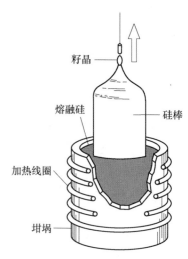

图 3-4 直拉法制备单晶硅示意图

为了控制和改变材料性质，拉晶时往往需要加入一定量的特定杂质，如在半导体硅中加入磷或硼，以得到所需的导电类型（n 型或 p 型）和各种电阻率。此外，熔体内还有来自原料本身的或来自坩埚的杂质沾污。由于受分凝效应的影响，硅在凝固过程中杂质分布很不均匀（即早凝固部分与后凝固部分所含杂质量相差很大）。连续加料拉晶法可以克服这种不均匀性。如果所需单晶体含某杂质的浓度为 c，则在坩埚中首先熔化含杂质为 c/K 的多晶料。在拉单晶的同时向坩埚内补充等量的、含杂浓度为 c 的原料。这样，坩埚内杂质浓度和单晶内杂质量都不会变化，从而可以得到宏观轴向杂质分布均匀的单晶。例如，使用有内、外两层的坩埚。内层、外层中熔体杂质浓度分别为 c/K 和 c。单晶自内坩埚拉出，其杂质浓度为 c。内、外层之间有一细管连通，因而内坩埚的熔体减少可以由外坩埚补充。补充的熔体杂质浓度是 c，所以内坩埚熔体浓度保持不变。双层坩埚法可得到宏观轴向杂质分布均匀的单晶。

为了控制硅单晶中氧的含量及其均匀性，提高硅单晶的质量和生产效率，在传统的直拉硅单晶生长工艺基础上又派生出磁场直拉硅单晶生长工艺和连续加料的直拉硅单晶生长工艺，称为磁拉法。在普通直拉炉中总是存在着热对流现象，因而不稳定。利用外加磁场可以抑制热对流而使热场稳定。磁拉法已用于硅和其他半导体材料的单晶制备，可提高单晶的质量。

3.3.2 区熔法

区熔法又称悬浮区熔法，是在20世纪50年代提出并很快被应用到晶体制备技术中，即利用多晶锭分区熔化和结晶来生长单晶体的方法。在悬浮区熔法中，使圆柱形硅棒用高频感应线圈在氩气气氛中加热，使棒的底部和在其下部靠近同轴固定的单晶籽晶间形成熔滴，这两个棒朝相反方向旋转。然后在多晶棒与籽晶间只靠表面张力形成的熔区沿棒长逐步移动，将其转换成单晶。

区熔法可用于制备单晶和提纯材料，还可得到均匀的杂质分布。这种技术可用于生产纯度很高的半导体、金属、合金、无机和有机化合物晶体（纯度可达 $10^{-6} \sim 10^{-9}$）。在区溶法制备硅单晶中，往往是将区熔提纯与制备单晶结合在一起，能生长出质量较好的中高阻硅单晶。区熔法制单晶与直拉法很相似，甚至直拉的单晶也很相像。但是区熔法也有其特有的问题，如高频加热线圈的分布、形状、加热功率、高频频率，以及拉制单晶过程中需要特殊注意的一些问题，如硅棒预热、熔接等。区熔单晶炉主要包括双层水冷炉室、长方形钢化玻璃观察窗、上轴（夹多晶棒）、下轴（安放籽晶）、导轨、机械传送装置、基座、高频发生器和高频加热线圈、系统控制柜真空系统及气体供给控制系统等部分。

区熔法是按照分凝原理进行材料提纯的。杂质在熔体和熔体内已结晶的固体中的溶解度是不一样的。在结晶温度下，若一杂质在某材料熔体中的浓度为 C_l，结晶出来的固体中的浓度为 C_s，则称 $K = C_l / C_s$ 为该杂质在此材料中的分凝系数。K 的大小决定熔体中杂质被分凝到固体中的效果。$K < 1$ 时，则开始结晶的头部样品纯度高，杂质被集中到尾部；$K > 1$ 时，则开始结晶的头部样品集中了杂质，而尾部杂质量少。

晶体的区熔生长可以在惰性气体如氩气中进行，也可以在真空中进行。真空中区熔时，杂质的挥发更有助于得到高纯度单晶。区熔法生长晶体有水平区熔和垂直浮带区熔两种形式。

（1）水平区熔法。将原料放入一长舟之中，长舟应采用不沾污熔体的材料制成，如石英、氧化镁、氧化铝、氧化铍、石墨等。舟的头部放籽晶。加热可以使用电阻炉，也可使用高频炉。此法设备简单，制备单晶时与提纯过程同时进行，可得到纯度很高和杂质分布十分均匀的晶体。但因与舟接触，难免有舟成分的沾污，且不易制得完整性高的大直径单晶。

（2）垂直浮带区熔法。用此法拉晶时，先从上、下两轴用夹具精确地垂直固定棒状多晶锭。用电子轰击、高频感应或光学聚焦法将一段区域熔化，使液体靠表面张力支持而不坠落，移动样品或加热器使熔区移动（图3-5）。这种方法不用坩埚，能避免坩埚污染，因而可以制备很纯的单晶和熔点极高的材料（如熔点为3400℃的钨），也可采用此法进行区熔。大直径硅的区熔是靠内径比硅棒粗的"针眼型"感应线圈实现的。为了达到单晶的高度完整性，在接好籽晶后生长一段直径为2~3mm、长度为10~20mm的细颈单晶，以消除位错。此外，区熔硅的生长速度超过6mm/min时，还可以阻止所谓漩涡缺陷的生成。

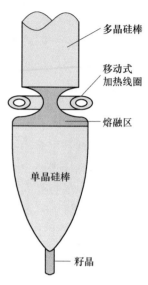

图3-5 多晶区熔示意图

多晶硅区熔制硅单晶时，对多晶硅质量的要求比直拉法高：

（1）直径要均匀，上、下直径一致；

（2）表面结晶细腻、光滑；

（3）内部结构无裂纹；

（4）纯度要高。

3.4 片状硅（带硅）制备

在熔融状态的硅两侧，以高熔点金属丝或其他丝状材料做支撑，通过两边丝状材料拉出的熔融液面附着在两条丝的中间，冷却后直接成长为膜状的多晶硅，无须切片即可用于制备电池硅片。这种方法省去了切片过程和切片造成的表面损伤而附加的处理工序，提高了生产效率和材料收得率，从而减低成本。

片状硅（带硅）的制备方法可以减少由于切割而造成硅材料的损失，工艺也比较简单，已经有一定数量的产品。主要有：

（1）定边喂膜（EFG）法，即在石墨坩埚中使熔融的硅从润湿的模具狭缝中通过而直接拉出正八角形硅筒，正八角的边长略大于10cm，管壁厚度（硅片厚）与石墨模具的毛细形状、拉制温度和速度有关，为200~400μm，管长约5m。随后采用激光切割法将硅筒切成10cm×10cm的方形硅片。电池工艺中采用针头注入法制备电池栅线，其他工艺与常规电池工艺相同，电池效率可达13%~15%。图3-6所示为带硅电池。

（2）蹼状枝晶法，即在生长硅带时两条枝晶直接从坩埚熔硅中长出，由于表面张力的作用，两条枝晶的中间会同时长出一层如蹼状的薄片，所以称为蹼状晶。切去两边的枝晶，可以用中间的蹼状晶制作太阳能电池。蹼状晶在各种硅带中质量最好，但其生长速度相对较慢。

图 3-6 带硅电池

3.5 晶体硅太阳能电池制造

3.5.1 晶硅电池生产工艺流程

在这里，以掺杂硼的 p 型单晶硅片为例介绍晶硅的生产流程，硅片尺寸以 125mm×125mm 为主，厚度约为 200μm，晶相为 (100)，电阻率为 $0.5 \sim 3\Omega \cdot cm$。通过图 3-7 所示生产工艺流程可制作出带硅电池。

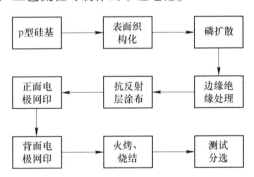

图 3-7 常规电池生产工艺流程

3.5.1.1 表面织构化

表面织构即为太阳能电池的制绒过程，制绒是生产太阳能电池的第一道工序，其作用有两个：（1）去除硅片表面的机械损伤层。线切割会在硅片表面残留 10μm 的机械损伤层（图 3-8 (a)），而在损伤层中的位错、缺陷是载流子的复合中心，将会降低少数载流子寿命，从而影响电池的光电转化效率。在制绒腐蚀过程中，可以把硅片加工过程中的损伤层去除。（2）制绒可以在硅片表面形成金字塔陷光结构（图3-8（b）），降低太阳光的反射率[1]。

（100）晶向的硅片，在低浓度的NaOH溶液中，会发生以下反应：

$$Si + H_2O + 2OH^- \Longrightarrow SiO_3^{2-} + 2H_2 \qquad (3-12)$$

由于（100）面和（111）面具有不同的腐蚀速率，从而形成由多个（111）面组成的金字塔结构。光线入射到试样的表面，至少会有两次机会与硅表面接触，有效减少光的反射，增加光的吸收，如图3-9所示。原片的平均反射率在30%以上，绒面的平均反射率可降到12%以下[1]。

(a)   (b)

图3-8　原片（a）和金字塔结构（b）的SEM图

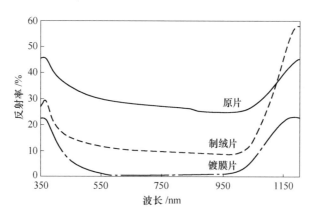

图3-9　原片、制绒片和镀膜片的反射率

3.5.1.2　扩散制p-n⁺结

目前多数厂家都选用p型硅片来制作太阳能电池，一般用POCl₃液态源作为扩散源，通过N₂携带进入横向石英管中，加热到850~900℃进行磷扩散形成p-n⁺

结。这种方法制出的结均匀性好，方块电阻不均匀性小于 3%。扩散过程可表示为

$$4POCl_3 + 3O_2 \longrightarrow 2P_2O_5 + 6Cl_2 \uparrow \qquad (3-13)$$

在硅片表面形成 P_2O_5 的磷硅玻璃，接着用硅取代磷，从而除去磷硅玻璃：

$$2P_2O_5 + 5Si \longrightarrow 4P + 5SiO_2 \qquad (3-14)$$

磷被释放出来并且扩散进入硅中，同时 Cl_2 被排出。磷在扩散过程中有吸杂作用，能提高材料的少子寿命。扩散后的硅片少子寿命一般在 $10\mu s$ 以上。通过延长扩散时间以及降低最高扩散温度可以改善少子寿命[2]。

3.5.1.3 去除边缘 p-n+ 结和去磷硅玻璃

扩散过程中，会在边缘形成 p-n+ 结，前后表面导通，造成电池短路，因此必须去除。等离子刻蚀是国内厂家最常用的刻边方法，这种技术成本低廉，可以同一批刻蚀 300 片，但操作过程难以实现自动化，而且容易磨损 n+ 层，造成漏电。

激光刻边是另外一种刻边技术，在电池正面边缘处用激光刻出十几微米深的沟，将正面的 p-n+ 结与背面断开，但是减少了电池的有效面积，这种技术应用不多。

链式湿化学腐蚀是目前最有可能替代等离子刻蚀法的去 p-n+ 结技术，硅片在滚轮上送进化学腐蚀液槽上面，滚轮带上腐蚀液对硅片背面进行腐蚀，从而可以把背面的 p-n+ 结去除，与前表面进行电学隔离[3]。

扩散过程中形成磷硅玻璃，是很强的复合中心，要用 HF 去除。

3.5.1.4 镀膜

氮化硅减反射膜在电池中主要有两个作用：（1）降低反射率。厚度为 75nm、折射率为 2.05 的氮化硅膜，可以把平均反射率降到 3% 以下；（2）钝化作用。使用 PECVD 沉积的氮化硅膜，其含氢量达到 40%，这些氢键可以饱和前表面的悬挂键，对前表面有良好的钝化作用，减少发射极复合损失。同时，这些氢在后续的烘干和烧结工序中，在高温下扩散到硅片体内，起到良好的体钝化作用[4]。

等离子增强化学气相沉积（PECVD）技术被广泛应用于商业化生产太阳能电池中。SiH_4 和 NH_3 在 $0.1 \sim 1mbar$，$200 \sim 450^\circ C$ 下反应，一层厚度约 75nm、折射率为 2.05 的氮化硅薄层，使硅片反射率可以降低到 3% 以下[5]。

3.5.1.5 丝网印刷电极

丝网印刷技术在 1975 年首次被用于太阳能电池制造电极制造工艺中，至今已经成为商品化太阳能电池的标准制造工艺，被广泛应用。目前规模化生产的丝网印刷机印刷速度为 $1000 \sim 2000$ 片/h。

丝网印刷的步骤如下：

（1）上片。硅片放置于工作台上，并运送到网版图案正下方。

（2）涂墨。印刷刮刀无压力地在网版上方移动，将金属浆料涂均匀。

（3）印刷。印刷刮刀以恒定的压力，从网版的一端移到另一端，网版受压与硅片表面接触，金属浆料通过网版开孔位置漏到硅片表面上，由于网版的张力，刮刀刮过后，网版恢复原状，与硅片脱离，从而在硅片表面上形成与网版一致的浆料图案。

（4）下片。硅片随工作台移出网版下方。

（5）烘干。在链式烘干炉内烘干，电极图案定型，并进入下一道印刷工序[6]。

3.5.1.6 银电极

一般来说，银浆的成分为：70%~80%（质量分数）直径为 0.1~0.3μm 大小的银颗粒，1%~10%（质量分数）玻璃料（$PbO-B_2O_3-SiO_2$）和 20%（质量分数）左右的有机溶剂。银颗粒烧结后，可以与硅片形成良好的欧姆接触，同时具有良好的导电能力。玻璃料在烧结过程中可以烧穿氮化硅膜，使银电极和硅片具有良好的附着力，同时降低银的熔点，避免高温烧结过程中，银颗粒烧穿 p-n^+结造成漏电，但是玻璃料会增大发射极和银电极之间的接触电阻。有机溶剂保持浆料具有适当的黏度。如果浆料黏度过大容易导致断栅；黏度过小，栅线则不能形成良好的高宽比。目前工业上丝网印刷的细栅线宽度在 110~130μm，主栅为 1.5~2mm，因此遮光而导致的效率损失在 8%左右[7]。

3.5.1.7 铝背场

铝背场在常规结构电池中主要有 4 个作用：（1）表面钝化，降低背表面复合速率，提高长波光生载流子收集能力，提高开路电压；（2）增加背反射，增加光程，提高短路电流；（3）与硅形成良好的欧姆接触，提高输出性能；（4）铝吸杂，提高体少子寿命。

工业上，一般通过在背面丝网印刷铝浆再高温烧结合金化，形成铝背场。铝浆中包含铝颗粒（直径为 1~10μm）、玻璃粉、有机黏合剂和溶剂。据铝-硅二元相图分析：烧结时，硅片被加热至高于共晶温度（577℃），铝开始逐渐熔化；随着温度继续上升，硅在熔融铝中的溶解度不断增大，越来越多的硅溶解在液态铝中；冷却时，硅在熔融铝中的溶解度降低，逐步析出再结晶，在硅片表面形成一层富含铝的硅，即铝背场（BSF）；同时，液态铝开始固化，而这层铝并不是纯铝，还含有硅，硅的含量接近 12%，因此在背场上形成了一层铝-硅层。BSF 中铝的浓度在（1~3）×$10^{18}cm^{-3}$，而在大部分 p 型硅中，硼的浓度般小于 2×$10^{16}cm^{-3}$，因此在背表面形成 p-p^+的高低结阻止少数载流子在背表面复合，经优化烧结工艺后得到的 BSF 区厚度为 6~7μm[8]。

3.5.1.8 烧结

烧结工序在链式烧结炉内进行。烧结炉通常分 9 个温区，1~3 温区为低温区，温度控制在300℃以下；4~7温区为中温区，温度控制在400~700℃之间；8、9温区为高温区，是整个烧结的最重要区域，8区温度控制在800℃左右，9区温度控制在900℃左右。电池在网带带动下，依次通过1~9温区，再经冷却区冷却，烧结温度与时间的关系如图3-10所示。分为两个阶段，第一阶段为净化（burn out）阶段，一般温度低于600℃，时间在10~30s之间，浆料内残留的有机溶剂在这个阶段被释放出来；第二阶段为烧结阶段，铝硅合金最低共熔点温度为577℃，银铝合金最低共熔点温度为567℃，银硅合金最低共熔点温度为830℃，但适宜的烧结温度需要由实验决定，银浆在这个阶段烧穿氮化硅，与硅片形成欧姆接触，铝浆形成铝背场，与硅片形成欧姆接触，同时氮化硅中的氧将在这个阶段群放扩散到体内，进行体钝化。

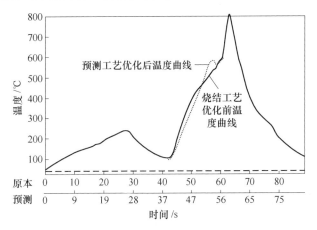

图3-10　烧结温度与时间的关系

3.5.2　非晶硅薄膜太阳能电池的制备

早在20世纪70年代初，Carlson等人用辉光放电分解甲烷的方法实现了氢化非晶硅薄膜的沉积，正式开始了对非晶硅太阳能电池的研究。目前，制备非晶硅薄膜太阳能电池的方法主要有PECVD法、反应溅射法等；按照非晶硅薄膜的工艺过程又可分为单结非晶硅薄膜太阳能电池和叠层非晶硅薄膜太阳能电池。日本中央研究院制得的非晶硅电池的转换效率为13.2%，是目前转换效率最高的单结非晶硅薄膜太阳能电池。国内关于非晶硅薄膜太阳能电池特别是叠层太阳能电池的研究并不多，南开大学的耿新华等采用工业用材料，以铝作为背电极制备出面积为20cm×20cm、转换效率为8.28%的a-Si/a-Si叠层太阳能电池。由于非晶硅太阳能电池具有成本低、质量轻等优点，目前已经在计算机、钟表等行业广泛应用，具有一定的发展潜力。图3-11为非晶硅薄膜太阳能电池的制备流程。

非晶硅薄膜太阳能电池与单晶硅和多晶硅太阳能电池的制作方法完全不同，

工艺过程大大简化,硅材料消耗很少、电耗更低、成本低、质量轻、转换效率较高、抗辐照性能好、耐高温,便于大规模生产,最突出的是其在弱光条件也能发电,因此具有极大的发展潜力[9-10]。大力发展薄膜型太阳电池不失为当前最为明智的选择,薄膜电池的厚度一般为 0.5μm 至数微米,不到晶体硅太阳电池的 1/100,大大降低了原材料的消耗,因而也降低了成本。

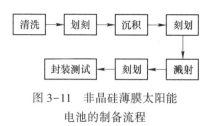

图 3-11 非晶硅薄膜太阳能电池的制备流程

3.6 太阳能电池相关参数

3.6.1 标准测试条件

由于太阳能电池组件的输出功率取决于太阳辐照度、太阳能光谱的分布和太阳能电池的温度,因此太阳能电池组件的测量需要在标准条件(STC)下进行,测量条件被欧洲委员会定义为 101 号标准,其条件是[8]:

光谱辐照度为 1000W/m²;

大气质量系数 AM 为 1.5;

太阳能电池温度为 25℃。

其中,AM 表示太阳光线射入地面所通过的大气量,也是假设正上方太阳垂直照射的日照射为 AM=1 时,用其倍率表示的参数。如 AM=1.5 是光的通过距离为 1.5 倍,相当于太阳光线与地面夹角为 42°。

在该条件下,太阳能电池组件所输出的最大功率被称为峰值功率,表示为 W_p (peak watt)。在很多情况下,组件的峰值功率通常用太阳能模拟仪测定并和国际认证机构标准化的太阳能电池进行比较。

3.6.2 太阳能电池的等效电路

3.6.2.1 理想太阳能电池的等效电路

理想太阳能电池的等效电路如图 3-12 所示。

当连接负载的太阳能电池受到光照射时,太阳能电池可以看作是产生光生电流 I_{ph} 的恒流源,与之并联的有一个处于正偏置下的二极管,通过二极管 pn 结的漏电电流 I_D 称为暗电流,是在无光照时,由于外电压作用下 pn 结内流过的电流,其方向与光生

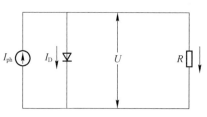

图 3-12 理想太阳能电池的等效电路

电流方向相反，会抵消部分光生电流[8]，I_D 表达式为

$$I_D = I_0(e^{qU/AKT} - 1) \tag{3-15}$$

式中　I_0——反向饱和电流，是在黑暗中通过 pn 结的少数载流子的空穴电流和

　　　　　电子电流的代数和；

　　　U——等效二极管的端电压；

　　　q——电子的电量；

　　　T——绝对温度；

　　　A——二极管曲线因子，取值在 1~2 之间。

因此，流过负载两端的工作电流为

$$I = I_{ph} - I_D = I_{ph} - I_0(e^{qU/AKT} - 1) \tag{3-16}$$

3.6.2.2　实际太阳能电池的等效电路

实际上，太阳能电池本身还另有电阻：一类是串联电阻，另一类是并联电阻（又称旁路电阻）。前者主要是由于半导体材料的体电阻、金属电极与半导体材料的接触电阻、扩散层横向电阻以及金属电极本身的电阻四个部分产生的 R_s，其中扩散层横向电阻是串联电阻的主要形式，串联电阻通常小于 1Ω。而并联电阻是由电池表面污染、半导体晶体缺陷引起的边缘漏电或耗尽区内的复合电流等原因产生的旁路电阻 R_{sh}，一般为几千欧[8]。实际的太阳能电池等效电路如图 3-13 所示。

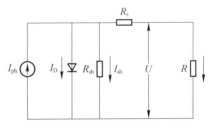

图 3-13　实际的太阳能电池的等效电路

在旁路电阻 R_{sh} 两端的电压为 $U_j = (U + IR_s)$，因此流过旁路电阻 R_{sh} 的电流为 $I_{sh} = (U + IR_s)/R_{sh}$，而流过负载的电流为

$$I = I_{ph} - I_D - I_{sh} = I_{ph} - I_0(e^{qU/AKT} - 1) - (U + IR_s)/R_{sh} \tag{3-17}$$

显然，太阳能电池的串联电阻越小，旁路电阻越大，越接近于理想太阳能电池，该太阳能电池的性能也就越好。就目前的太阳能电池制造工艺水平来说，在要求不很严格时，可以认为串联电阻接近于零，旁路电阻趋近于无穷大，也就是可当作理想的太阳能电池看待，这时可以用式（3-16）来代替式（3-17）。此外，实际的太阳能电池等效电路还应该包含由于 pn 结形成的结电容和其他分布电容，但考虑到太阳能电池是直流设备，通常没有交流分量，因此这些电容的影响也可以忽略不计。

3.6.3　太阳能电池的主要技术参数

3.6.3.1　伏安特性曲线

当太阳能电池接上负载，负载 R 从 0 变到无穷大时，负载 R 两端的电压 U

和流过的电流 I 之间的关系曲线，即为太阳能电池的负载特性曲线，通常称为太阳能电池的伏安特性曲线。在太阳能电池的正负极两端，连接一个可变电阻 R，在一定的太阳辐照度和温度下，改变电阻值，使其由 0（即短路）变到无穷大（即开路），同时测量通过电阻的电流和电阻两端的电压。在直角坐标图上，以纵坐标代表电流，横坐标代表电压，测得各点的连线，即为该电池在此辐照度和温度下的伏安特性曲线，如图 3-14 所示。

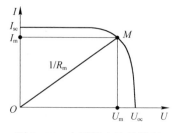

图 3-14 太阳能电池的伏安特性曲线

3.6.3.2 最大功率点

在一定的太阳辐照度和工作温度条件下，太阳能电池的伏安特性曲线上的任何一点都是工作点，工作点和原点的连线称为负载线，负载线斜率的倒数即为负载电阻 R_L 的数值，与工作点对应的横坐标为工作电压 U，纵坐标为工作电流 I。电压 U 和电流 I 的乘积即为输出功率。调节负载电阻 R_L 到某一值时，在曲线上得到一点 M，对应的工作电流 I_m 和工作电压 U_m 的乘积为最大，即

$$P_m = I_m U_m = P_{max} \tag{3-18}$$

则称 M 点为该太阳能电池的最佳工作点（或最大功率点），I_m 为最佳工作电流，U_m 为最佳工作电压，P_m 为最大输出功率。

此外，也可以通过伏安特性曲线上的某个工作点做一条水平线，与纵坐标相交点为 I；再做一垂直线，与横坐标相交点为 U。这两条线与横坐标和纵坐标所包围的矩形面积，在数值上就等于电压 U 和电流 I 的乘积，即输出功率。伏安特性曲线上的任意一个工作点，都对应一个确定的输出功率。通常，不同的工作点输出功率也不一样，但总可以找到一个工作点，其包围的矩形面积最大，也就是其工作电压 U 和电流 I 的乘积最大，因而输出功率也最大，该点即为最佳工作点，即

$$P = UI = U[I_{ph} - I_0(e^{qu/AKT} - 1)] \tag{3-19}$$

在此最大功率点，有 $dP_m/dU = 0$，因此有

$$\left(1 + \frac{qU_m}{AKT}\right) e^{\frac{qU_m}{AKT}} = \frac{I_{ph}}{I_0} + 1 \tag{3-20}$$

整理后可得

$$I_m = \frac{(I_{ph} + I_0)qU_m/AKT}{1 + qU_m/AKT} \tag{3-21}$$

$$U_m = \frac{AKT}{q}\ln\left[\frac{1 + (I_{ph}/I_0)}{1 + qU_m/AKT}\right] \approx U_{0c} - \frac{AKT}{q}\ln\left(1 + \frac{qU_m}{AKT}\right) \tag{3-22}$$

最后得

$$p_m = I_m U_m \approx I_{ph}\left[U_{oc} - \frac{AKT}{q}\ln\left(1 + \frac{qU_m}{AKT}\right) - \frac{AKT}{q} \right] \tag{3-23}$$

由图 3-14 看出，如果太阳能电池工作在最大功率点左边，也就是电压从最佳工作电压下降时，输出功率要减少；而超过最佳工作电压后，随着电压上升，输出功率也要减少。

通常太阳能电池所标明的功率，是指在标准工作条件下最大功率点所对应的功率。而在实际工作时往往并不是在标准测试条件下工作，而且一般也不一定符合最佳负载的条件，再加上太阳辐照度和温度随时间在不断变化，所以真正能够达到额定输出功率的时间很少。有些光伏系统采用"最大功率跟踪器"，可在一定程度上增加输出的电能[9]。

3.6.3.3 短路电流

在接有外电路的情况下，若将外电路短路，则负载电阻、光生电压和光照时流过 pn 结的正向电流均为零。此时 pn 结中的电流等于它的光生电流，称之为短路电流，用 I_{sc} 表示。当 $U=0$ 时，$I_{sc}=I_L$（I_L 为光生电流，正比于光伏电池的面积和入射光的辐照度）。$1cm^2$ 光伏电池的 I_L 值为 $16\sim30mA$。升高环境的温度，I_L 值也会略有上升，一般来讲温度每升高 $1\,^{\circ}C$，I_L 值上升 $78\mu A$。

一个理想的光伏电池，因串联的 R_s 很小、并联电阻的 R_{sh} 很大，所以进行理想电路计算时，都可忽略不计。所以根据式（3-24），可以得到图 3-15，短路电流 k 随着光强的增加而呈线性增长。

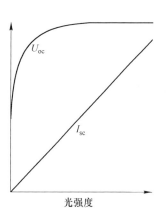

图 3-15 短路电流和开路电压随着光强的变化

但在实际过程中，就要将串联电阻和并联电阻都考虑进去，则 I_{sc} 的方程如下：

$$I_{sc} = I_L - I_D - I_P = I_L - I_s\left[e^{\frac{q(U+IR_s)}{kT}} - 1 \right] - \frac{U+IR_s}{R_{sh}} \tag{3-24}$$

当负载被短路时，$U=0$，并且此时流经二极管的暗电流非常小，可以忽略，则上式可变为

$$I_{sc} = I_L - I_{sc}\frac{R_s}{R_{sh}} \Rightarrow I_{sc} = \frac{I_L}{1 + \dfrac{R_s}{R_{sh}}} \tag{3-25}$$

由此可知，短路电流总是小于光生电流 I_L，且 I_{sc} 的大小也与 R_s 和 R_{sh} 有关。

3.6.3.4 开路电压 U_{oc}

将 pn 结开路时，即负载电阻无穷大，则流过负载的电流为零，此时的电压

称为开路电压，用 U_{oc} 表示：

$$U_{oc} = \frac{KT}{q}\ln\left(\frac{I_L}{I_s} + 1\right) \tag{3-26}$$

太阳能电池的光伏电压与入射光辐照度的对数成正比。随光强的增加而呈现出对数上升趋势，并逐渐达到最大值。U_{oc} 与环境温度成反比，而与电池面积的大小无关。环境温度每上升 1℃，U_{oc} 值下降 2~3mV。另外 U_{oc} 还与暗电流有关。然而，对于太阳能电池而言，暗电流不仅仅包括反向饱和电流，还包括薄层漏电流和体漏电流。

3.6.3.5 填充系数

填充系数 FF 计算公式为

$$FF = \frac{U_m I_m}{U_{oc} I_{oc}} \tag{3-27}$$

填充系数 FF 对于太阳能电池是一个十分重要的参数，其可以反映太阳能电池的质量。太阳能电池的串联电阻越小，并联电阻越大，填充系数也就越大。反映到太阳能电池的电流-电压特性曲线上则是接近正方形的曲线，此时太阳能电池可以实现很高的转换效率。

3.6.3.6 转换效率

转换效率 η 计算公式为

$$\eta = \frac{I_m U_m}{P} = \frac{FF I_{oc} U_{oc}}{P} \tag{3-28}$$

式中，P 为太阳辐射功率。从式（3-28）可以得到：填充系数越大，太阳能电池的转换效率也就越大。

3.6.3.7 电流温度系数

当温度变化时，太阳能电池的输出电流会产生变化，在规定的实验条件下，温度每变化 1℃，太阳能电池短路电流的变化值称为电流温度系数，通常用 α 表示，有

$$I_{sc} = I_0(1 + \alpha\Delta T) \tag{3-29}$$

对于一般的晶体硅太阳能电池，$\alpha = +(0.06~0.1)\%/℃$，这表示温度升高时，短路电流会略有上升。

3.6.3.8 电压温度系数

当温度变化时，太阳能电池的输出电压也会产生变化，在规定的实验条件下，温度每变化 1℃，太阳能电池开路电压的变化值称为电压温度系数，通常用 β 表示，有

$$U_{oc} = U_0(1 + \beta\Delta T) \tag{3-30}$$

对于一般的晶体硅太阳能电池，$\beta = -(0.3~0.4)\%/℃$，这表示温度升高

时，开路电压要下降。

3.6.3.9 功率温度系数

当温度变化时，太阳能电池的输出功率也会产生变化，在规定的实验条件下，温度每变化1℃，太阳能电池输出功率的变化值称为功率温度系数，通常用 γ 表示。由于 $I_{sc} = I_0(1 + \alpha\Delta T)$，$U_{oc} = U_0(1 + \beta\Delta T)$，其中 I_0 为25℃时的短路电流，U_0 为25℃时的开路电压。因此，理论最大输出功率为

$$P_{\max} = I_{sc}U_{oc} = I_0 U_0 (1 + \alpha\Delta T)(1 + \beta\Delta T)$$
$$= I_0 U_0 [1 + (\alpha + \beta)\Delta T + \alpha\beta\Delta T^2]$$

忽略平方项，得到

$$P_{\max} = P_0 [1 + (\alpha + \beta)\Delta T] = P_0(1 + \gamma\Delta T) \qquad (3-31)$$

例如，对于 M55 单晶硅太阳能电池组件，其 $\alpha = 0.032\%/℃$，$\beta = -0.41\%/℃$，因此其理论最大功率温度系数 $\gamma = -0.378\%/℃$。图 3-16 所示是某个太阳能电池在不同温度下的伏安特性曲线，可见在温度变化时，电压变化较大，而电流变化相对较小[9]。

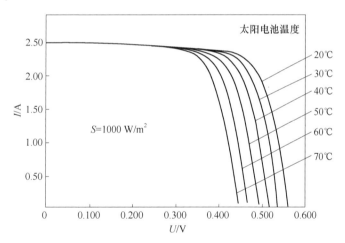

图 3-16 某个太阳能电池在不同温度下的伏安特性曲线

对于一般的晶体硅太阳能电池，$\gamma = -(0.35 \sim 0.5)\%/℃$。不同太阳能电池的温度系数有些差别，非晶硅太阳能电池的温度系数要比晶体硅太阳能电池的小。

总体而言，在温度升高时，虽然太阳能电池的工作电流有所增加，但工作电压却下降，而且后者下降较多，因此总的输出功率要下降，所以应尽量使太阳能电池在较低的温度环境下工作。

3.6.3.10 太阳辐照度的影响

太阳能电池的开路电压 U_{oc} 与入射光谱辐照度的大小有关，当辐照度较弱时，开路电压与入射光谱辐照度呈近似线性变化；当太阳辐照度较强时，开路电压与

入射光谱辐照度呈对数关系变化。也就是当光谱辐照度从小到大时，开始时开路电压上升较快；当太阳辐照度较强时，开路电压上升的速度就会减小。

在入射光谱辐照度比标准测试条件（1000W/m²）不是大很多的情况下，太阳能电池的短路电流 I_{sc} 与入射光谱辐照度成正比关系。图 3-17 是某个太阳能电池在不同辐照度下的伏安特性曲线。由图可知在一定范围内，当入射光谱辐照度成倍增加时，太阳能电池的短路电流也要成倍增加，因此入射光谱辐照度的变化对于太阳能电池的短路电流影响很大。

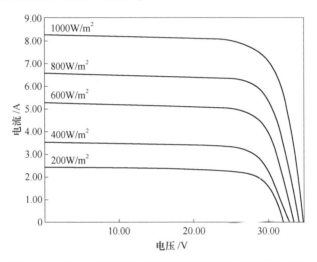

图 3-17 某个太阳能电池在不同辐照度下的伏安特性曲线

太阳能电池的最大功率点也要随着太阳辐照度的增加而变化，当太阳辐照度由 200W/m² 变化到 1000W/m² 时，相应的最佳工作电压变化不太大，但短路电流却由 2.4A 变化到 8.3A，增加了将近 3.5 倍。

3.7 太阳能电池组件的封装

单体太阳能电池通常不能直接供电，主要是由于太阳能电池片既薄又脆，机械强度差，容易破裂；大气中的水分子和腐蚀性气体会逐渐氧化和腐蚀电极，无法承受露天工作的严酷条件；同时单片太阳能电池的工作电压小于 0.6V，功率很小，难以满足用电设备的实际需要。所以必须为太阳能电池提供机械、电气及化学等方面的保护，封装成太阳能电池组件，才能对负载供电。太阳能电池组件是指具有封装及内部连接的、能单独提供直流电输出的、最小不可能分割的太阳能电池组合装置。在太阳能电池组件封装前，要根据功率和电压的要求，对太阳能电池片的尺寸、数量、布置、连接方式和接线盒的位置等进行设计计算。

单晶硅电池和多晶硅电池的结构及封装方法基本相同，都是用黏合剂将上盖板与太阳能电池和底板黏结在一起，四周加上边框，背后是接线盒。单晶硅电池、多晶硅电池组件和非晶硅电池组件分别如图 3-18~图 3-20 所示。由于单晶硅电池片通常的形状是四角带圆弧的"准"方形，封装后在电池片之间会有一个个小方孔，表面深蓝色或黑色。而多晶硅电池之间留有均匀的细缝隙，并且由于晶向不同，表面有闪亮的斑点，两者很容易区分。

图 3-18　单晶硅电池组件　　　图 3-19　多晶硅电池组件　　　图 3-20　非晶硅电池组件

离网光伏系统多数是采用铅酸蓄电池作为储能装置，最常用的蓄电池电压是 12V。为了使用方便，早期的晶体硅太阳能电池组件通常是由 36 片太阳能电池串联而成，其最佳工作电压为 17.5V 左右，这考虑了一般的防反充二极管和线路损耗，并且在工作温度不太高的情况下，可以保证蓄电池的正常充电。但要特别注意，在并网光伏系统中，36 片太阳能电池串联组件工作电压并不是 12V，而是 17.5V 左右。

总之，大致可认为用 3 片太阳能电池串联供给 1V 蓄电池充电，而用 4 片太阳能电池串联为 1.2V 的镍镉电池充电。如果光伏系统工作在温度较高的地区，由于工作温度升高时，最佳工作电压要下降，可以适当考虑增加串联电池的数目。不同类型太阳能电池封装工艺也不一样，现主要介绍平板晶体硅太阳能电池组件的制造流程。

（1）电池分选。由于电池片制作条件的随机性，生产出来的电池性能不尽相同，所以为了有效地将性能一致或相近的电池组合在一起，应根据其性能参数进行分类；电池测试即通过测试电池的输出参数（电流和电压）的大小对其进行分类，以提高电池的利用率，做出质量合格的电池组件。

（2）单焊。单焊是将汇流带焊接到电池正面（负极）的主栅线上，汇流带为镀锡的铜带，焊带的长度约为电池边长的 2 倍。多出的焊带在背面焊接时与后面的电池片的背面电极相连。

（3）串焊。背面焊接是将 N 张片电池串接在一起形成一个组件串，电池的定位主要靠一个模具板，操作者使用电烙铁和焊锡丝将单片焊接好的电池的正面电极（负极）焊接到"后面电池"的背面电极（正极）上，这样依次将 N 张片串接在一起并在组件串的正负极焊接出引线。

（4）叠层。背面串接好且经过检验合格后，将组件串、玻璃和切割好的 EVA、背板按照一定的层次敷设好，准备层压，叠层如图 3-21 所示。敷设时保证电池串与玻璃等材料的相对位置，调整好电池间的距离，为层压打好基础。

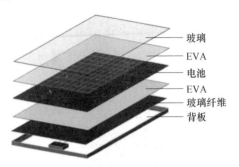

玻璃
EVA
电池
EVA
玻璃纤维
背板

图 3-21 封装结构图

叠层工艺要求：钢化玻璃置于层叠台的移动滑板上，要求位置摆放正确；在钢化玻璃上垫的 EVA 要求超过玻璃边缘至少 5mm；EVA 在玻璃上要求铺垫平整，无明显褶皱；在使用层叠台移动电池片至 EVA 上后检查电池组是否在要求位置上（一般无汇流条的电池片距离玻璃边缘为 10mm，有汇流条的边汇流条距离玻璃边缘为 10mm）。

（5）组件层压。将敷设好的电池放入层压机内，通过抽真空将组件内的空气抽出，然后加热使 EVA 熔化将电池、玻璃和背板粘接在一起，最后冷却取出组件。层压工艺是组件生产的关键一步，层压温度、层压时间根据 EVA 的性质决定。使用快速固化 EVA 时，层压循环时间约为 22min。

（6）粘接接线盒。在组件背面引线处粘接一个盒子，以便于电池与其他设备或电池间的连接。分别将电池串的正、负极与接线盒的输出端相连，并用黏合剂将接线盒固定在组件背面，有些与建筑相结合的太阳能电池组件，为了安装方便也可将接线盒放在太阳能电池组件的侧面。接线盒要求防潮、防尘、密封、连接可靠、接线方便。在多数情况下，可将旁路二极管直接安装在接线盒内。

粘接接线盒工艺要求：接线盒涂胶不得超过限定范围，硅胶的厚度不得超过 4mm。在焊接引出线时要求焊接牢固可靠。

（7）装框。类似于给玻璃装一个镜框，给玻璃组件装铝框，增加组件的强度，进一步地密封电池组件，延长电池的使用寿命。边框和玻璃组件的缝隙用硅酮树脂填充，各边框间用角键连接。

装框的工艺要求：丁基密封橡胶要求均匀布满铝合金槽内，螺丝不得打毛，出现划手情况；在大型组件装框时要求组件不得出现中间鼓出现象。

（8）性能测试。应用太阳能电池组件测试台对太阳能电池组进行各项性能测试。某太阳能电池组件测试台的技术参数（侧立封闭式测试）如下：

1）光学性能参数。

①脉宽：10 ms/100 ms（可依据需要定制）；

②光照不均匀度：≤2%；

③光照不重复度：≤2%；

④光有效范围 2m²（可测 250W 组件，面积可定制）；

⑤长弧脉冲氙灯寿命：1000000 次；

⑥模拟光谱：AM1.5，符合 IEC60904-9 标准。

2）电学性能参数。

①测量功率的不重复度：≤0.5%；

②电子负载测量范围 U：（0~25/50）V，I：（0~1/10）A；

③电流/电压分辨率：量程的 1/4096；

④电源要求：220V（AC）±10%，20A，50Hz 单相。

3）力学性能参数。

①光学柜：155cm×250cm×90cm，150kg；

②方波脉冲电源：60cm×60cm×160cm，140kg。

测试后在组件背面贴上标签，标明产品的名称与型号，以及组件的主要参数，包括最大功率、开路电压、短路电流、最佳工作电压、最佳工作电流、填充因子和伏安特性曲线等，还有制造厂名及生产日期。

3.8　太阳能电池缺陷

通过对硅太阳能电池制作工艺的研究，能够发现硅太阳能电池片的生产是一个非常复杂的过程。因此，在生产制造过程中很容易产生各种各样的缺陷。

按照产生缺陷的机理分类，可以分为固有缺陷、外部缺陷和内部缺陷。固有缺陷主要是由于生产硅太阳能电池所使用的原料造成的。原料构造比较单一的单晶硅太阳能电池，这种缺陷比较少，而多晶硅太阳能电池是由多种晶体混合制成的，所以产生固有缺陷的概率比较大。有些缺陷像划痕、裂纹等都是在制造环节中造成的，这类缺陷就叫做外部缺陷。太阳能电池片的内部结构、掺杂等因素都能够影响载流子的密度，而载流子密度是造成硅太阳能电池内部缺陷的主要因素。

硅太阳能电池片的缺陷按照几何特征可分为：裂痕、坏斑、断栅、破碎、焊点不实、缺孔等。

按照硅太阳能电池片的制造过程可以把缺陷分为：丝网印刷时的空洞堵塞、在烧结过程造成的波浪式网纹、劣质原料、边缘腐蚀不彻底造成的短路、生产中的环境污染了硅太阳能电池片、杂质较多、扩散不达标等。

除了可能有单片硅太阳能电池片的缺陷外，太阳能电池组件还有可能具有一些其他的缺陷，例如：有裂纹的单体电池、单体电池与外框产生了连通的空间或与其他电池产生了粘连、隔离的材料时效等。

3.8.1 硅太阳能电池漏电流产生的原因及影响

单晶硅与多晶硅太阳能电池出现漏电点多在边沿、细栅线和主电极周围、中心处，产生的原因主要有以下几点：（1）边沿处产生漏电区域，由边结没有去除干净引起的，多为线性漏电流；（2）细栅线和主电极周围的漏电区域，由扩散层不理想造成电极沿着扩散层中的裂缝或者缺失处流入基层，引起漏电，一般只在正向偏压下出现；（3）中心处产生漏电区域，由电池在堆放时扩散层交叉污染了铝颗粒所致，一般发生在反向偏压下[10]。

薄膜硅太阳能电池出现漏电流的原因主要有以下几点：（1）硅膜层有缺失，产生不连续点，造成前后电极短路接触，产生漏电流；（2）前电极存在没有分割的点，导致前一个子电池的电子没有经过硅膜层，直接通过没有分割的区域进入下一个子电池，使漏电流增加；（3）背电极的激光划刻程序存在问题，在背电极进行划刻工艺时，出现没有完全分割的情况，造成了漏电流的产生；（4）第三道激光划线的沟槽内进入了其他的导电颗粒，使背电极中产生漏电流[11]。

如今，太阳能电池内部的漏电流不能被忽视，直接影响到太阳能电池的性能。在第 25 届西班牙举行的欧洲光伏会议上，挪威桑德维卡的 REC 太阳能研究所和德国的 Fraunhofcr 太阳能研究所，共同发布了漏电流对太阳能电池输出功率影响的分析[12]。P. Grunom 等人具体地分析了漏电流对太阳能电池组产生的巨大影响[13]。具体的结论如下：

（1）如果组件中大量的单片太阳能电池出现漏电现象，那么这个太阳能电池组件对外发电量几乎为零；

（2）如果太阳能电池片中出现隐裂的现象，经过失效性破坏试验检测，这个电池片将变成裂片，不能再使用；

（3）如果面积相同的缺陷集中分布在单片太阳能电池上，要比分散地分布在整个太阳能电池的组件中对外发电的影响大。

3.8.2 硅太阳能电池缺陷的检测方法

利用多种测试设备如 EL、PL、Corescan 等检测硅片、半成品电池及成品电池存在的各种缺陷，以便改善工艺参数，降低产品的不合格率，为公司提高成品率，降低生产成本。

3.8.2.1 EL 测试

电致发光，又称电场发光，简称 EL。其原理是平衡 pn 结中存在着具有一定宽度和高度的由 p 区指向 n 区的内建电场（即势垒区），此时载流子的扩散电流和漂移电流相互抵消，没有静电流通过 pn 结，费米能级处处相等，其能带图如

图 3-22 所示。当给太阳能电池加一正向偏压时，势垒高度降低，势垒区内建电场减弱，但继续发生载流子的扩散，电子由 n 区注入 p 区，同时空穴由 p 区注入 n 区，如图 3-23 所示。这些进入 p 区的电子和进入 n 区的空穴都是非平衡少数载流了，在实际电池的 pn 结中，扩散长度远大于势垒宽度。因此电子和空穴通过势垒区时因复合而消失的概率很小，继续向扩散区扩散，pn 结势垒区和扩散区注入了少数载流子，这些非平衡少数载流子不断与多数载流子辐射复合，并发出光子[14]。但电池组件存在的缺陷会减小少子的寿命，即扩散长度减小，这样电流密度就相应减弱，电池发光强度减小，结合特制的 CCD 相机拍摄等部件，形成如图 3-24 所示的 EL 缺陷检测系统[15]，得到光伏电池组件辐射复合分布图像，根据图像中电池发光强度的不同可以判定电池组件是否存在缺陷，并可根据缺陷形状来判定缺陷类别。

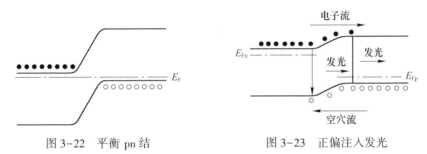

图 3-22　平衡 pn 结　　　　　　图 3-23　正偏注入发光

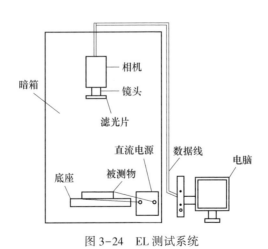

图 3-24　EL 测试系统

3.8.2.2　PL 光致发光测试

PL（Photoluminescence）光致发光是将一个物体的较高的能量光（波长较短）吸收后再发射的光，一般用来自闪光灯或脉冲激光/LED 的可见光激发硅的电子。大多数的光产生的电子将它们的能量转化为热量，一小部分的电子再去结合一个孔，发射一个光子（辐射复合）。硅中较多的缺陷将导致更多的能量以热量的形式散失，仅有较少的发出光子。硅中较少的缺陷将导致更多的辐射复合和更多的发射光子。这种方法的优点是不需要外置电源，但通常需要脉冲光源和门检测，热拍的重现性通常较差于电致发光[16]。图 3-25 是 PL 检测系统的简单示意图。

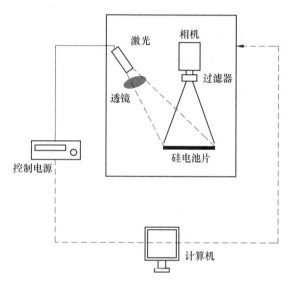

图 3-25 PL 光致发光系统简单示意图

3.8.2.3 Corescan 方法

Corescan 的扫描头包含一个光源和金属探针，扫描过程中，将电池片短路连接，扫描头以固定的扫描间距、速度移动，光源照射在电池片上产生光生电流，同时金属探针在电池片表面划动，测量光照位置的电压值，得到电池片正面串联电阻数值。

利用太阳能电池片受光照会产生电流的原理。Corescan 利用金属探针扫描太阳能电池片表面，电池片在光照下产生的电流通过金属探针传导出来，再利用精密的电流/电压表收集电流/电压信号。探针再扫描电池片的过程中，如遇到电池片栅线断裂、电池片内部隐裂、金属杂质/边缘隔离不良的因素，所检测到的电流/电压信号就会发生变化，便可得到电池片串联电阻、并联电阻、开路电压、短路电流的变化情况。为了能清楚地了解太阳能电池片不良因素的分布情况，Corescan 将探针扫描电池片过程中产生的电压/电流信号及时地用颜色在对应的位置以二维和三维的形式标注出来，电压/电流信号的变化也通过颜色的变化来体现。Corescan 可以有效分析出太阳能电池片的不良因素和瑕疵分布，以此来改善电池片的生产制程。

3.8.2.4 Sherescan 方法

利用等距离的四点探针测量硅片的方块电阻。按图 3-26 方式给硅片加上电流，中间两个探针量测所产生的电压，利用欧姆定律可得到电阻值和电阻系数，根据下面介绍的公式，所得到的电阻值即是硅片的方块电阻。

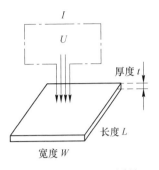

图 3-26 Sherescan 测量示意图

对于薄的硅片来说，方块电阻与它的厚度和掺杂浓度有关。同 Corescan 一样，Sherescan 将侦测到的电压信号用颜色在对应的位置以二维或三维的形式标注出，电压信号的变化通过颜色的变化来体现，从而得到硅片的方块电阻分布情况，从而掌握掺杂浓度，配合选择性掺杂可开发高效率电池片。

Sherescan 测试探头在中心有一个激光源，紧跟着有两个同心圆环形电容电极，激光的频率可以调整。激光注入产生电子空穴，内建电场将电子空穴分离，将产生表面势，表面势反映了 Sherescan 信号并且向横向扩散，内外探头获取表面势。硅片的方阻通过在两个电容电极测量电势的比率计算。

硅片做成太阳能电池片最关键的步骤之一是扩散形成发射层，发射层的好坏会影响到太阳能电池片的最终效率。低的掺杂浓度会提高量子效率，但是同时也会导致较差的电极接触。掺杂浓度大小可以通过发射层的方块电阻来衡量，一般来说发射层的方块电阻越大越好，但是为了使金属电极和发射层之间得到较低的接触电阻，方块电阻的值也不能太大。因此发射层的方块电阻的值就要求在一个窄的范围内，同时方块电阻也要在整个硅片平面内均匀。

Sherescan 设备主要是用来进行量测硅片的发射层的方块电阻的一款工具，主要是测量扩散后的硅片，主要应用在太阳能电池片的制造过程。除了量测发射层的方块电阻之外 Sherescan 还可以量测硅片基体的掺杂类型，以及电池片的金属电极的电阻。

Sherescan 的几个功能测量主要是通过四探针来进行的，为了使探针尖对硅片压力总是一致，探针尖是受载弹簧式，可以进行控制。当针尖接触到硅片时，可以量测探头的重量，从而得到针尖压力，进行控制。

A 方块电阻映射

一个矩形薄片材料的电阻为 $R = \rho L / (Wt)$，其中，W 为宽度，L 为长度，t 为厚度，ρ 为电阻率。当薄片为正方形时，$R = \rho / t$，此时片电阻只与电阻率和厚度有关。对于硅片来说方块电阻即为这里的片电阻。薄片电阻的单位是 Ω，通常习惯用 Ω/sq，即方块电阻。为了精确地得到薄片的方块电阻，通常都在黑暗的环境进行测量，因此 Sherescan 的盖子要关上进行测量。

测量方块电阻的最常见且可靠的方式是四点探针方式，通常四点探针的四个探针的间距是一样的且在同一个线上，进而使每个针尖都能和样品进行良好的接触。最外面的两个探针起注入电流的作用，最里面的两个探针起量取电压的作用。当样品的厚度远小于探针间的间距时，方块电阻可以通过公式 $R_s = （\pi/\ln2）U/I$ 计算，对于较厚的样品（大于探针间距的一半），需要一个修正参数。

在量测太阳能硅片的方块电阻时候，注入的电流只能在发射层流动，因为 pn 结阻挡了向基体流入的电流。发射层的厚度要比探针的间距（0.635mm）小得多，所以 Sherescan 不需要修正因子。如果量测一个 $300\mu m$ 没有发射层的硅片，此时的修正因子是 0.997。当测量到样品的边缘时，注入的电流在样品内的分布会被样品边缘影响。影响的大小主要是由探针的中心到样品边缘的距离来决定，同时探针到样品边缘的方向也会有影响。Sherescan 会自动计算这些影响（包括与探针垂直方向和与探针平行方向），适用的修正因子如图 3-27 所示。

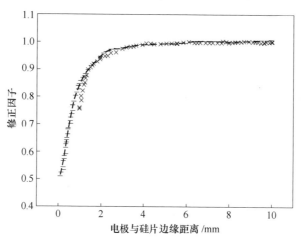

图 3-27　探针位置和修正因子的关系

B　电池片栅线电阻

为了减少电池片的串联电阻，电池片的正面栅线的电阻越小越好。同样为了减少对太阳光的遮挡，栅线越细越好。Sherescan 可以测量任何位置栅线的电阻。测量时使用标准的四点探针方式，且设备的盖子可以打开。

由于栅线的宽度受限，方块电阻的公式不适用于此。Sherescan 使用用户输入的栅线宽度以及图 3-28 所示的几何因子计算金属电极的薄片电阻 $R_s = KV/I$，其中，K 为几何因子。如果用户输入了栅线的厚度，Sherescan 可以通过公式（$\rho = R_s t$）计算出金属电极的电阻率，单位是 $\mu\Omega \cdot cm$。

图 3-28 中的几何因子（K）只有在四点探针接触在栅线的中心位置时候才最准确。为了使测量更加准确（四点探针接触在栅线的中心位置），Sherescan 会

从金属栅线的左边开始到右边进行多次测量（与四点探针的方向垂直），在一系列测量结果中值最小的即为最接近金属的中心位置的值。

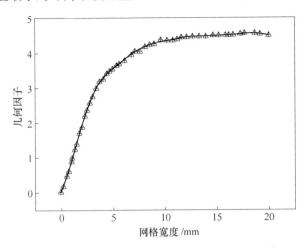

图 3-28　几何因数在四点探针接触栅线位置数值

C　p/n 类型测量

Sherescan 可以用来测量基体材料的掺杂类型（p 型或者 n 型），通过整流法并且只测试一个点即可得出结果。四点探针的第 1 脚和第 2 脚注入 AC 电流到硅片内，然后 2 脚和 3 脚之间量测硅片的 DC 电压，第 4 脚没有用到。由于金属半导体的整流特性，可以通过测到的 DC 电压的数值判断硅片的基体类型。

以上两种方法为国际上公认的电池片检测手段，实验操作简单，准确度高，但是以上两种检测是破坏性的，在测试之后，电池片也遭到了破坏。

参 考 文 献

[1] 甄颖超. 单晶硅片的表面织构化与应用 [D]. 呼和浩特：内蒙古大学，2016.

[2] 武文. 物理多晶硅太阳电池表面织构与减反射膜匹配性能研究 [D]. 呼和浩特：内蒙古大学，2015.

[3] 张晓科，王可，解晶莹. CIGS 太阳电池的低成本制备工艺 [J]. 电源技术，2005，29 (12)：849-852.

[4] HOU W W, BOB B, LI S H, et al. Low-temperature processing of a solution-deposited CuInSSe thin-film solar cell. [J]. Thin Solid Films , 2009, 517 (24): 6853-6856.

[5] GASSLA M, SHAFARMAN W N. Five-source PVD for the deposition of $Cu(In_{1-x}Ga_x)(Se_{1-y}S_y)_2$ absorber layers [J]. Thin Solid Films, 2005, 480 (481): 33-36.

[6] 邓雷磊. ZnO 薄膜的制备及其特性研究 [D]. 厦门：厦门大学，2007.

[7] 于永强. PLD 制备 ZnO 薄膜及非晶纳米棒的结构与性质研究 [D]. 合肥：合肥工业大学，2009.

[8] 赵富鑫, 魏彦章. 太阳电池及其应用 [M]. 北京: 国防工业出版社, 1985.

[9] 安其霖, 曹国琛, 李国欣, 等. 太阳电池原理与工艺 [M]. 上海: 上海科学技术出版社, 1984.

[10] 金井升, 舒碧芬, 李军勇, 等. 单晶硅太阳电池漏电流的红外热像仪检测 [C]. 第十届中国太阳能光伏会议, 2008: 86-91.

[11] 王大伟, 贾海军, 麦耀华, 等. 红外热成像技术在薄膜硅组件制造中的应用 [C]. 第12届中国光伏大会暨国际光伏展览会, 2012.

[12] KÖNTGES M, KUNZE I, KAJARI-SCHRÖDER S, et al. The risk of power loss in crystalline silicon based photovoltaic modules due to micro-cracks [J]. Solar Energy Materials and Solar Cells, 2011, 95 (4): 1131-1137.

[13] GRUNOW P, CLEMENS P, HOFFMANN V, et al. Influence of micro cracks in multicrystalline silicon solar cells on the reliability of PV modules [J]. Proceedings of the 20th EUPVSEC, WIP, Barcelona, Spain, 2005: 2042-2047.

[14] 郭占苗. EL 测试在光伏太阳能电池检测中的应用 [J]. 电子设计工程, 2012, 20 (13): 131-134.

[15] 施光辉, 崔亚楠, 刘小娇, 等. 电致发光 (EL) 在光伏电池组件缺陷检测中的应用 [J]. 云南师范大学学报: 自然科学版, 2016, 36 (2): 17-21.

[16] 索雪松, 高亮, 王楠, 等. 太阳能电池板缺陷 EL 检测系统的设计 [J]. 中国农机化学报, 2013, 34 (3): 175.

4 高效晶硅电池的制备

减小电池表面反射以增加电池对光的吸收，是提高太阳能电池转换效率的关键因素。目前普遍的手段是在太阳能电池表面制备一层减反膜（超过 80% 的工业化生产中采用 PECVD 法淀积 SiN$_x$ 作为减反射膜）。减反膜可使表面反射率由金字塔结构绒面的 12% 左右降低为 4% 左右。一般减反膜通过折射率不同来实现减反射，只对特定的波长与入射角度生效。黑硅材料可以看作制绒步骤的加强版，在较宽波长范围和较大入射角度范围内都可以达到良好的减反效果，使其成为替代减反膜的优秀备选方案。光射入样品时在表面纳米级的微结构中不断反射并最终被硅片吸收，对可见光吸收率可达 96% 以上。因为表面反射率低，入射光绝大部分都被吸收，极少反射逃逸，导致在肉眼观察时表面呈黑色，所以叫做黑硅。

4.1 表面微结构对黑硅电池光电性能的影响

一般对多晶硅表面处理的主要方法有激光刻蚀、机械刻蚀、湿化学腐蚀、等离子刻蚀[1]，但是这些方法均因为各种原因无法投入到大规模生产中。例如机械与激光刻蚀所需的设备昂贵，消耗的能量过高，虽然绒面效果不错，但成本过高，无法实现商业化生产[2]。化学蚀刻法因其成本低、蚀刻效率高、蚀刻均匀等优点，在多晶硅工业化大规模生产中得到了广泛的应用。化学湿法刻蚀主要分为碱性蚀刻和酸蚀两类[3]。由于多晶硅具有晶体各向异性的特性，多晶硅大多采用酸腐蚀，碱腐蚀对多晶硅的表面形貌几乎没有影响，因此碱性蚀刻法不能使多晶硅电池获得足够高的开路电压。作为太阳能电池制备过程中的第一步，刻蚀技术将直接影响电池的工作效率。迄今为止，工业化大规模多晶硅制绒系统仍然存在很多问题，如绒面均匀性不足[4]、难以控制反应条件和重复性差等[5]。针对上述问题，本章将采用化学蚀刻法对多晶硅表面进行修饰，通过减轻腐蚀反应的强度、优化蚀刻液的比例以及蚀刻实践，来提升多晶硅太阳能电池的效率，并使用非接触式技术检测多晶硅太阳能电池相关参数。

4.1.1 溶液配比对制绒速度与效率的影响

选用的材料为 156mm×156mm，厚度为（200±20）μm，电阻率为（2±0.05）

$\Omega \cdot cm$ 的 p 型多晶硅片。试验在室温环境中（约20℃）进行，制备过程如下：

（1）首先将硅片放入超声清洗机中，先后使用丙酮、乙醇及去离子水对其进行清洗，去除表面灰尘、油脂等污染物；

（2）将硅片浸入质量分数为 5% 的 HF 溶液中浸泡 60s，去除硅片表面的氧化层；

（3）将硅片从 HF 溶液中取出，用去离子水冲洗去除残留的 HF；

（4）将硅片浸入质量分数为 25% 的 NaOH 溶液中，在 80℃ 的条件下反应 60s，去除生产时由于切割造成的表面损伤层；

（5）将硅片再次浸入质量分数为 5% 的 HF 溶液中浸泡 30s，去除步骤（4）在硅片表面形成的钠硅酸盐；

（6）将清洗后的硅片分别放入由 HF、HNO_3 和水组成的混合腐蚀液中，以寻找最佳溶液比例。常用的酸腐蚀溶液是 HF 和 HNO_3 的混合溶液，其与 Si 的反应方程式如式（4-1）所示；

（7）将经过不同配比的腐蚀液制备出的硅片制成电池组件，并测量其效率。

$$SiO_2 + 6HF \longrightarrow H_2SiF_6 + 2H_2O$$
$$3Si + 4HNO_3 + 18HF \longrightarrow 3H_2SiF_6 + 4NO + 8H_2O \tag{4-1}$$

此次共进行五组实验，溶液配比分别为 HF：HNO_3：H_2O = 15：1：2、6：1：2、3：1：2、1：3：2 和 1：5：2。将样品分别在腐蚀液中反应后取出测量其效率，得到性能如表 4-1 所示。

表 4-1 不同腐蚀液配比下制备的电池效率

HF：HNO_3：H_2O	反射率/%	I_{sc}/A	U_{oc}/V	FF/%	效率 η/%
0	39.33	1.95	0.446	23.69	7.13
15：1：2	31.78	2.25	0.462	23.12	8.13
6：1：2	23.92	2.70	0.469	32.27	16.63
3：1：2	24.66	3.27	0.552	36.92	17.81
1：3：2	26.13	3.00	0.480	35.39	16.97
1：5：2	26.56	2.72	0.440	34.10	16.56

图 4-1 为不同配比的 HF 与 HNO_3 对硅片制绒反应速率的影响。由图 4-1 可知，HF：HNO_3：H_2O 比例从 15：1：2 逐渐变为 3：1：2 时，刻蚀硅片的反应速率随 HNO_3 含量增加而增加；而当 HF：HNO_3：H_2O 比例从 3：1：2 逐渐到 1：5：2 时，反应速率又随 HNO_3 含量的增加而减少；当 HF：HNO_3：H_2O 比例为 3：1：2 时，酸液刻蚀硅片反应速率最快，其值为 325μm/min。结果表明，当多晶硅绒面使用酸腐蚀溶液制备时，通过控制 HF 和 HNO_3 的比例，不仅可以控制反应速度，还能得到效果最好的多晶硅绒面。

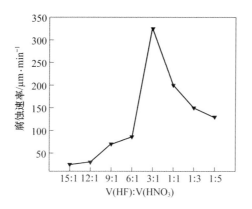

图 4-1 不同溶液配比对应的反应速率

图 4-2 为不同溶液配比对应的多晶硅片反射率曲线，可以看出当 HF ：HNO_3 ：H_2O 为 1：5：2 时，硅片的反射率最低，但由于电池片被腐蚀液严重腐蚀，结构遭到破坏，其效率并没有得到显著提高。为了得到工艺最好的电池，需要使反射率与电池效率达到最佳平衡。

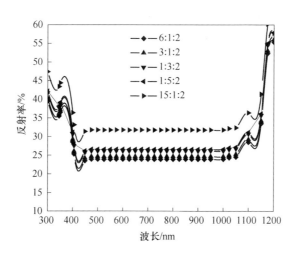

图 4-2 不同溶液配比对反射率的影响

从表 4-1 和图 4-2 可以看出 HF 和 HNO_3 溶液的不同配比对制绒后的硅片效率及反射率有较大影响。通过公式（4-1）可以看出，硅片放入腐蚀液中先与 HNO_3 反应生成 SiO_2，SiO_2 再与 HF 反应，若溶液中 HNO_3 含量过少，则会导致硅表面腐蚀反应不完全，制绒效果薄弱。而根据表 4-1，当 HF 与 HNO_3 比例接近时，多晶硅电池效率相对较高，当 HF ：HNO_3 ：H_2O 为 3：1：2 时，多晶硅电池效率达到最高（为 17.81%），且多晶硅腐蚀速率最快，电池的电性能参数要优于其他对照组。

4.1.2 制绒时长对效率的影响

选择 HF 和 HNO_3 不同比例中具代表性的 3 组多晶硅片进行形貌分析。图 4-3 和图 4-4 分别为高倍摄像机和扫描电镜结果。图 4-3（a）、图 4-4（a）的 HF：HNO_3：H_2O 溶液配比为 9：1：2，刻蚀时间为 30s。通过图 4-3（a）可以看出多晶硅表面制绒不均匀，多晶硅表面形态与原始多晶硅片差别不大，因为 HNO_3 含量太少，溶液中氧化反应受到限制，刻蚀反应进行得不够彻底，同时溶液中能够提供的空穴较少，硅片表面易发生表面复合，电池的光电转化效率也会降低。

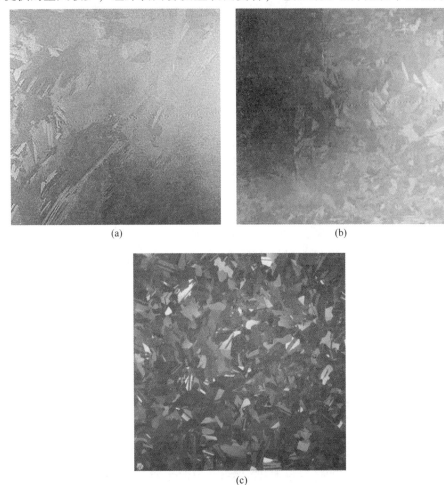

(a)　　　　　　　　　　　　　　(b)

(c)

图 4-3　不同腐蚀液配比多晶硅制绒高倍摄像结果图
(a) 9：1：2，30s；(b) 3：3：2，30s；(c) 1：5：2，60s

由图 4-4（a）可以看出硅表面刻蚀的凹槽浅而短，意味着电池片 I_{sc} 值和电池效率都会很低。制绒效果不均匀，说明当溶剂中 HNO_3 含量过低时，硅表面无法被酸溶剂完全腐蚀。在实验过程中，观察到此时多晶硅片表面只溢出少量气泡，反应温和。图 4-3（b）和图 4-4（b）的 $HF：HNO_3：H_2O$ 溶液配比为 3：3：2，刻蚀时间为 30s。通过图 4-3（b）可以看出，电池片制绒较为规整，电池外观正常，制绒面均匀，电池片制绒结构完整。由图 4-4（b）可以看出刻蚀后多晶硅表面形态包含均匀细长的凹沟，证明制绒效果均匀，电池稳定性强，硅片的光捕捉能力相对较强，反射率低。图 4-3（c）和图 4-4（c）的 $HF：HNO_3：H_2O$ 溶液配比为 1：5：2，刻蚀时间为 60s。图 4-3（c）是多晶硅电池过刻的宏观图像，可以看出多晶硅表面局部变黑，此时多晶硅片比其他两组更薄更脆，因为溶

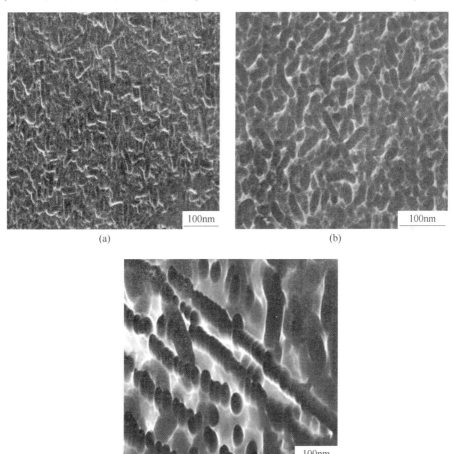

(a)

(b)

(c)

图 4-4　不同腐蚀液配比多晶硅制绒 SEM 图像

（a）9：1：2，30s；（b）3：3：2，30s；（c）1：5：2，60s

液中 HNO_3 含量太高，使刻蚀反应变得激烈而迅速，不易控制，同时对电池片产生损伤，使电池片无法再加工利用。由图 4-4（c）可以看出，多晶硅过刻，导致多晶硅表面出现很深且很粗的凹槽，此时刻蚀反应不仅在多晶硅表面进行，由于硝酸过多导致反应过于猛烈，已经使硅片内部受到腐蚀，硅片变性。在反应过程有淡黄色的 NO_2 气体产生，由于刻蚀时间长，反应使溶液温度升高，使硅片表面出现气泡。由此可见，HNO_3 的含量在制绒质量优劣中至关重要。

为了验证反应时间对多晶硅片制绒质量的影响，实验配置 $HF：HNO_3：H_2O$ 比例为 3：3：2 的腐蚀液，将电池片分组放入溶剂，并寻找最佳刻蚀时间。图 4-5 是不同刻蚀时间的反射率对比，可以看出反应时间对电池片反射率也有很大影响。随着刻蚀时间的延长，电池的反射率越来越低，但是这并不能证明反应时间越长越好，需要对电池的电性能参数做进一步分析。

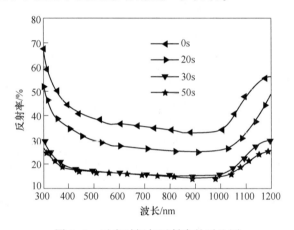

图 4-5 反应时间与反射率的对比图

表 4-2 是不同反应时间电池性能参数，表中列出了没有制绒的多晶硅片作为参照组。从表 4-2 可以看出，刻蚀时间为 30s 时电池的效率最高，η 值也相对较高，说明此时制绒效果好。因为刻蚀最初阶段是刻蚀基片表面的损伤区，比如在硅片切割或运输过程中形成的裂缝，之后再在多晶硅表面形成均匀的腐蚀绒面，增加多晶硅电池陷光效果，同时降低多晶硅表面反射率。随着刻蚀时间的延长，电池 U_{oc} 增加，但短路电流并没有随之增加，导致电池内阻增加，FF 减小。刻蚀时间达到 50s 以后，I_{sc} 和 FF 都有减少，这是因为当刻蚀时间过长时，硅片表面会再次趋于平滑。

表 4-2 不同反应时间电池性能参数对比

刻蚀时间/s	反射率/%	I_{sc}/A	U_{oc}/V	FF/%	效率 η/%
0	39.33	1.95	0.446	47.69	7.13

刻蚀时间/s	反射率/%	I_{sc}/A	U_{oc}/V	FF/%	效率 η/%
15	33.17	2.57	0.456	61.33	12.12
20	29.25	2.53	0.456	64.76	15.67
25	28.12	2.56	0.456	69.41	17.42
30	24.41	3.39	0.576	73.00	18.24
40	24.20	3.32	0.521	69.78	18.00
50	24.00	3.02	0.560	69.78	17.39

采用比例不同的 HF、HNO_3 和 H_2O 的混合溶液，对多晶硅薄片进行了制绒处理，结果表明当温度控制在20℃，HF：HNO_3：H_2O 的比例为 3：1：2.5，制绒反应时间为 30s 时，制绒速率最快，多晶硅表面制绒形貌最好，得到硅电池的转换效率达 18.24%。

4.1.3　黑硅表面纳米结构的产生原理

利用 Ag 离子辅助刻蚀法制备多晶黑硅电池片，并利用 NaOH 腐蚀液对金属辅助刻蚀后的黑硅进行扩孔处理，通过改变 NaOH 腐蚀液处理时间，观察黑硅表面态、表面反射率及黑硅电池光电性能，探索利用金属辅助刻蚀法制备黑硅的最佳工艺。

制备纳米线结构的原理：在硅片表面覆盖一层极薄的银层，然后将附有银层的硅片放入 HF 和 H_2O_2 混合腐蚀溶液中。由于硅片表面沉积的银粒子的电负性高于硅原子的电负性，所以银粒子可以吸引硅原子的电子使得银粒子表面富集负电荷，而硅原子因为失去电子被氧化为 SiO_2，并被 HF 腐蚀掉。同时，H_2O_2 从银粒子表面获得电子成为 H_2O[6]。

整个制备过程如公式（4-1）所示，而化学反应过程分别如下：

阴极反应：

$$Ag^+ + e^- \ V_B \longrightarrow Ag^0(s) \tag{4-2}$$

阳极反应：

$$Si(s) + 2H_2O \longrightarrow SiO_2 + 4H^+ + 4e^- \ V_B \tag{4-3}$$

$$SiO_2(s) + 6HF \longrightarrow H_2SiF_6 + 2H_2O \tag{4-4}$$

4.1.4　实验过程

实验利用硼掺杂 p 型多晶硅片，电阻率为 $(2\pm0.05)\,\Omega\cdot cm$，硅片厚度为 $(200\pm10)\,\mu m$，所有样片大小均为 156mm×156mm。实验在室温条件下（约20℃）进行。

首先，利用丙酮、乙醇和去离子水对多晶硅片进行超声清洗，以去除多晶硅表面灰尘和其他污染物；其次，将多晶硅片浸入质量分数为 5% 的 HF 溶液中浸泡 15s，并用去离子水冲洗，去除硅片表面氧化层；随后，将多晶硅薄片浸入80℃下的质量分数为 25% 的 NaOH 溶液中 60s，去除由金刚割据线而造成的表面损伤；然后，将多晶硅片再次放入质量分数为 5% 的 HF 溶液中浸泡 15s，除去之前去除金刚割据线损伤时在硅片表面合成的钠硅酸盐。

在室温条件下，利用电化学金属辅助法制备黑硅：将上述制备好的多晶硅放入 0.4mol/L 的 HF+0.02mol/L 的 AgNO₃ 混合溶液中反应 50s，硅片在溶液中发生式（4-2）~式（4-4）的化学反应，Ag 纳米粒子附着在多晶硅片表面，并用去离子水将硅片冲洗干净；然后，将被 Ag 纳米层覆盖的硅片放入 0.34mol/L 的 H_2O_2+1.54mol/L 的 HF 混合溶液中进行刻蚀 60s；之后，将硅片浸入传统银刻蚀混合液质量分数为 25% 的 $NH_3 \cdot H_2O$+质量分数为 75% 的 H_2O_2 中浸泡 90s，去除硅片表面银残余物，并用质量分数为 5%HF 溶液和去离子水冲洗；随后，将多晶黑硅浸入质量分数为 1% 的 NaOH 溶液中，增加多晶黑硅电池表面纳米孔直径，多晶黑硅浸泡时间分别为 20s、40s 和 60s，为了控制反应速率，选择较小浓度的 NaOH 溶液。最后，利用质量分数为 5% 的 HF 和去离子水冲洗 NaOH 溶液处理过的多晶黑硅。所有样品形貌均通过扫描电子显微镜（SEM，德国产 IGMA-HD）表征，表面反射由带积分球的紫外分度计（UV-2550）测量，波长范围为 200~1100nm。

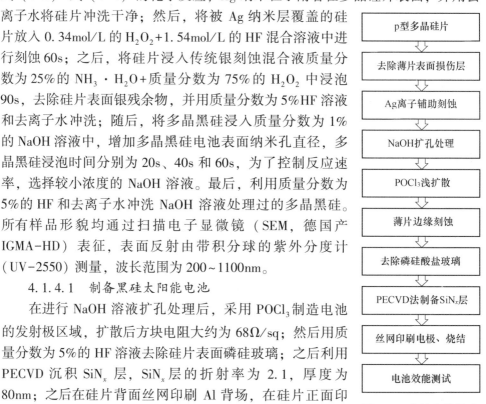

图 4-6 高效多晶黑硅太阳能电池制备流程

p型多晶硅片

去除薄片表面损伤层

Ag离子辅助刻蚀

NaOH扩孔处理

POCl₃浅扩散

薄片边缘刻蚀

去除磷硅酸盐玻璃

PECVD法制备SiNₓ层

丝网印刷电极、烧结

电池效能测试

4.1.4.1 制备黑硅太阳能电池

在进行 NaOH 溶液扩孔处理后，采用 POCl₃ 制造电池的发射极区域，扩散后方块电阻大约为 68Ω/sq；然后用质量分数为 5% 的 HF 溶液去除硅片表面磷硅玻璃；之后利用 PECVD 沉积 SiNₓ 层，SiNₓ 层的折射率为 2.1，厚度为 80nm；之后在硅片背面丝网印刷 Al 背场，在硅片正面印刷 Ag 电极；最后将每一个样品放入工业烧结炉中进行烧结。图 4-6 为制备多晶黑硅太阳能电池的完整流程。

图 4-7（a）是多晶黑硅未被酸混合溶液清洗扫描电镜图像，可以看到黑硅表面被混浊的 Ag 纳米层覆盖，同时薄片表面有很多银残余物，影响黑硅表面光吸收率；图 4-7（b）是将薄片放入 H_2O_2 和 HF 混合溶液中清洗后的低倍率图像，可以看出黑硅表面布满纳米陷光结构；图 4-7（c）和（d）分别是黑硅表面纳米结构高倍率图像，可以看出刻蚀方向没有与多晶硅表面垂直，因为多晶硅

具有［100］［110］［111］三个晶向，当薄片在溶液中发生反应时，溶液中 Ag
离子与硅片基底自由反应，纳米线在多晶硅表面主要趋于［100］方向生长，所
以纳米线生长方向与多晶硅晶向方向一致，此时纳米孔直径约 50nm。图 4-7
（e）是多晶黑硅表面纳米线垂直截面图，可以看出通过上述步骤，在多晶硅表面
形成细密的纳米线结构，纳米线结构缜密细长，纳米线尖端十分锋利，此时纳米
线长度约为 300nm。

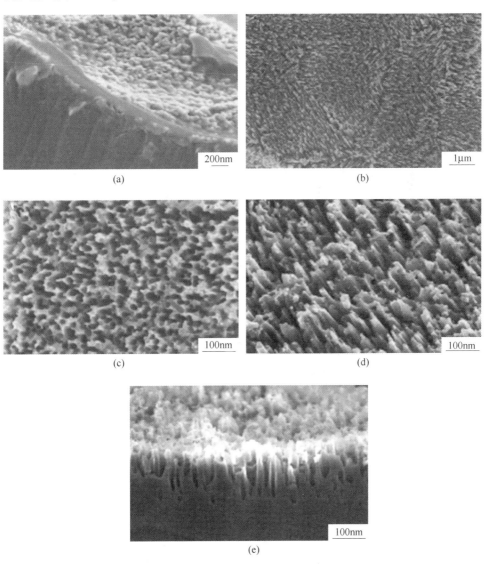

图 4-7　多晶黑硅的表面结构扫描电镜图像
（a）未清洗；（b）清洗后；（c）（d）俯视图；（e）截面图

4.1.4.2 NaOH 腐蚀时间对扩孔速度的影响

用5%的 NaOH 溶液腐蚀多晶黑硅薄片，腐蚀时间分别为20s（图4-8（a）、图4-9（a））、40s（图4-8（b）、图4-9（b））、60s（图4-8（c）、图4-9（c））。通过图4-8（a）～（c）可以看出多晶硅表面纳米孔径随着刻蚀时间的增加而增大。当刻蚀时间为20 s时，多晶硅表面纳米孔直径50~70nm；刻蚀时间为40s时，纳米孔直径100~120nm；当刻蚀时间为60s时，纳米孔直径150~170nm。同时通过图4-9（c）可以看出，刻蚀时间为60s时，纳米孔的边缘不再明显，多晶黑硅表面的纳米孔互相融合，表面呈现坑状结构。

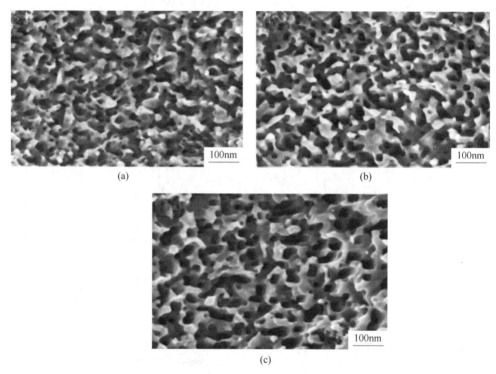

图 4-8　多晶黑硅扫描电镜垂直截面图像

（a）20s；（b）40s；（c）60s

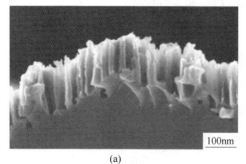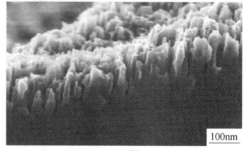

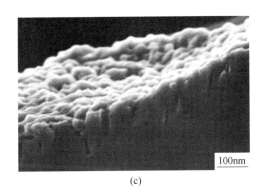

(c)

图 4-9 多晶黑硅扫描电镜垂直截面图像

(a) 20s；(b) 40s；(c) 60s

图 4-9（a）～（c）是多晶黑硅垂直截面图像，可以看出 NaOH 扩孔处理时间不同，不会改变纳米线生长方向，因为多晶硅为各向异性，碱腐蚀对多晶硅表面纳米线生长影响不大。同时采用 Ag 离子辅助刻蚀法制备多晶黑硅时，随着NaOH 处理时间的增加，多晶黑硅表面纳米线变得越来越短，并逐渐趋于平凹。NaOH 刻蚀时间为 20s 时，多晶黑硅表面纳米线长度为 230～250nm；当刻蚀时间为 40s 时，多晶黑硅表面纳米线长度为 170～200nm；当刻蚀时间为 60s 时，多晶黑硅表面纳米线长度为 70～100nm。

为了得到更高效的电池效率，必须确保 Ag 离子辅助刻蚀法制备黑硅表面结构与表面反射率达到平衡[7]。表 4-3 为多晶黑硅电池性能与传统多晶硅太阳能电池性能对比，由反射率数据对比可以看出，通过 Ag 离子辅助刻蚀法制备的多晶黑硅表面反射率比传统多晶硅制绒反射率低很多。同时 NaOH 扩孔处理时间越长，多晶黑硅表面反射率越大。因为随着刻蚀时间增加，多晶硅表面纳米孔直径变大，纳米线长度变短，光入射多晶黑硅表面后反射路径减少，薄片表面陷光能力减弱。在波长范围 400～1000nm，刻蚀时间为 20s、40s 和 60s 时对应的反射率分别为 7.64%、10.01% 和 17.52%，比传统制绒工艺制备的多晶硅的反射率23.5%低很多，这也是多晶黑硅电池效率比多晶硅电池效率高的主要原因[8]。

表 4-3 NaOH 扩孔时间不同对多晶黑硅太阳能电池效能的影响

扩孔时间/s	反射率/%	U_{oc}/V	J_{sc}/mA·cm^{-2}	FF/%	P_{mpp}/W	效率/%
0	4.65	0.628	33.63	78.201	4.171	16.51
20	6.49	0.633	35.50	78.748	4.254	17.69
40	8.07	0.639	35.59	79.017	4.262	18.00
60	10.64	0.637	35.53	78.838	4.257	17.84
传统	16.13	0.590	34.64	77.380	4.190	15.81

4.1.5 内量子效率的测量

为了进一步验证 NaOH 扩孔及扩孔时间对多晶黑硅太阳能电池性能的影响，按图 4-5 实验流程将上述多晶黑硅薄片制备成多晶黑硅太阳能电池并进行电池性能测试。内量子效率是影响太阳能电池性能的一个重要因素，主要反映在去除反射前提下，光生载流子的复合情况[9-10]，即太阳能电池钝化效果的好坏。图 4-10 为多晶黑硅太阳能电池不同开孔时间对应的内量子效率，可以看出，随着黑硅刻蚀时间增加，黑硅表面孔径越大，其内量子效率越高，钝化效果越好，表面载流子复合越少。

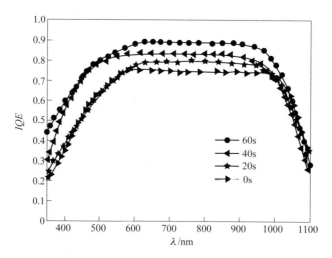

图 4-10 多晶黑硅太阳能电池不同开孔时间对应的内量子效率

表 4-3 为多晶黑硅电池性能与传统多晶硅太阳能电池性能对比。没有进行扩孔处理的电池片反射率最低，为 4.65%；黑硅薄片扩孔 20s、40s、60s 后，多晶黑硅太阳能电池反射率分别为 6.49%、8.07%、10.64%。但这些对照组电池的 U_{oc}、J_{sc}、P_{mpp} 和效率都高于没有进行 NaOH 扩孔处理的电池片。此外，刻蚀时间为 40s 时，多晶黑硅太阳能电池的 J_{sc} 和 U_{oc} 最大（分别为 35.59mA/cm² 和 639mV），其效率最高为 18.00%。刻蚀时间为 60s 时，得到了较好的 FF，但是效率却没有提高。结合图 4-8（c）、图 4-9（c）可以看出，此时多晶表面趋于平滑，这就使顶部电极与发射极之间的接触面积增加，引起接触电阻变小，但由于反射率较高，导致短路电流要小于刻蚀时间为 40s 的样品，从而使得它的效率并不是最高。没有进行扩孔处理的黑硅太阳能电池的效率比扩孔后的电池效率低，为 16.51%。因此，虽然 NaOH 处理 40s 并没有使电池片获得最低反射率，但是此时多晶黑硅电池效率比其他对照组都高，说明利用 NaOH 扩孔 40s 电池片表面纳米孔直径与表面反射达到最佳的平衡。

4.2 探索原子气相沉积法沉积 Al₂O₃对电池性能的影响

4.2.1 原子层沉积

目前制备 Al_2O_3 的方法有原子层沉积（ALD）法、等离子体辅助 ALD 法、热解沉积法、离域 PECVD 法、分子束外延法等。ALD 具有可以在大面积衬底上均匀制备薄膜的优点，兼顾实验易操作、可重复性强、沉积温度较低等优势[11-12]，故本书实验利用原子层沉积（ALD）法制备 Al_2O_3。图 4-11 为实验室所用 ALD 设备。

图 4-11　ALD 仪器实物图

下面介绍几种主要的 Al_2O_3沉积技术。

原子层沉积法是利用自限制表面反应的原理，通过交替地将反应气体通入反应器，并在衬底表面通过化学吸附形成沉积膜，在原子层的尺度上控制沉积过程。通入的反应气体称为前驱体，每一种前驱体与衬底表面官能团发生化学反应，当表面可用的官能团反应完毕之后，反应自动停止，此为反应过程的自限制作用[13]。通常采用 A、B 两种前驱体反应物，通过交替反应形成 ABAB…多层膜，在 A 反应物反应之后要通过抽气将 A 物质抽走，再通以 B 物质，B 物质以 A 物质作为反应的表面官能团，每个循环的典型厚度为 0.05~0.15nm。这些循环可以一直持续下去，直至达到所需的厚度[14]。与气相沉积（CVD）方式不同，ALD 沉积与前驱体的流量无关，因此只要反应的时间足够长，可以沉积在表面的各处[15]。

Al_2O_3层的沉积通常使用三甲基铝（$Al(CH_3)_3$；TMA）作为铝源，水、臭氧或来自等离子体的氧自由基可作为氧源。使用水及臭氧直接进行的反应称为热 ALD，而借助等离子体进行的反应称为等离子体辅助 ALD。每一次循环包括一次

Al(CH$_3$)$_3$的引入，随之而来的是抽空，接着是氧的引入，最后是抽空过程。氧的引入有不同形式，借助等离子体产生的氧基元比 H$_2$O 有更高的活性，这可使膜的质量得以提高，在低温生长时尤其如此。但是由于要引入等离子体，使得设备复杂程度有所提高。对于批次处理的 ALD 工艺，通常使用 O$_3$，因为它具有更高的活性，并且更易被抽空。ALD 技术的优点是可以在大面积衬底上制备均匀的膜，沉积温度较低（100~350℃），并且很容易制备多层膜。由于有抽空过程，因此每次循环时间是几秒，沉积时间较长，但是在工业上可以通过采用批次法提高产率，即一次放入多片衬底[16]。此外，采用一种新型的空间分离沉积技术可以免除抽空过程，大大缩短工艺时间。

4.2.2 工业化原子层沉积技术

ALD 在光伏工业中应用的主要瓶颈是它的沉积速率较慢，这种设备以前是用在半导体工业中的。在光伏产业中对于沉积速率的要求明显高于半导体行业，在单片沉积设备中，对于节拍为数秒钟的循环来说，典型的沉积速率为 1~2nm/min。但是可以在一个腔室里同时沉积多片衬底，从而使得沉积速率大大改变。为了克服现有 ALD 制备 Al$_2$O$_3$ 的速率限制，Beneq 和 ASM 等公司更改了原来用于半导体行业的设计而改用多片衬底的方案，从而满足了光伏行业典型的产率大于 3000 片/h 的要求[17]。此外，更有公司提出了空间 ALD 设计理念以应对光伏行业对 ALD 的要求。空间 ALD 的概念最早是由 Suntola 的专利提出的，随后逐渐实现了常压下空间 ALD 技术。空间 ALD 与时间 ALD 技术的区别在于隔离前驱体和氧的方法上，传统的时间 ALD 技术是在单片或多片的单一腔室中顺序充入前驱体和氧气；而空间 ALD 技术则是将前驱体和氧气分割在两个空间中。

两款空间 ALD 设备已经分别被两家公司产业化，即 SoLayTec 公司和 Levitech 公司[18]。两公司设计理念相似，不同之处仅在硅片的传递上。Levitech 公司的工艺是一个链式反应腔，硅片的传输由常压的气体控制，硅片悬浮于气体中在一个轨道上传输，在其路径上不断地经过前驱体区和氧气区，一层一层地完成两种原子的沉积，在轨道上也设置了加热区和冷却区。在现有水平下，大约 1m 长的沉积区可以生长 1nm；而 SoLayTec 公司的设计概念是在两个前驱体和氧气区之间往返运动，从而一层一层地累加沉积出整个膜。这种设计使得设备的空间体积减小，而且便于模块化累加。在硅片悬浮运动的设计概念上与 Levitech 公司的一致。空间分离 ALD 技术的节拍主要决定于前驱体的反应速率，而非防止寄生CVD 生长的排空时间，因此两种空间 ALD 生长的沉积速率较时间 ALD 技术要快得多，空间 ALD 生长速率典型值为 30~70nm/min，而时间 ALD 技术的生长速率典型值为每分钟几纳米[19]。空间 ALD 技术的另一个优势是不用真空泵，这使得沉积仅发生在样品上，腔壁上沉积很少。此外，除了硅片外，设备上没有运动部件，这就减少了设备的故障率[20]。图 4-12 为 ALD 沉积过程中两种模式的原理图，图 4-12（a）为在时间上分离的沉积方式，两种气体按时间先后通入，中间通过抽空过程防止两种气体的混合图 4-12（b）为空间的分离方式，两种气体通过气幕进行隔离图 4-12（c）为空间分离 ALD 的设备图，运动沿直线方式即为 Levitech 公司的设计，而如果是硅片往复运动即为 SoLayTec 公司的设计[22]。

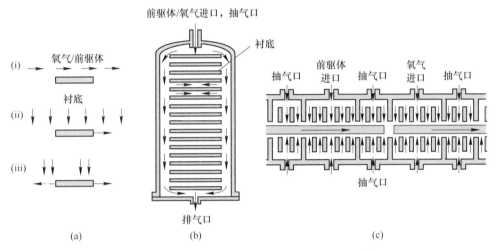

图 4-12　时间 ALD 和空间 ALD 设备的示意图[21]

4.2.3　探索 ALD 沉积温度对沉积层的影响

为了使实验结果表征更具有代表性，本书相关实验利用直拉单晶硅（晶向[100]），厚度为 300μm，电阻率为 0.5Ω·cm。经过湿法刻蚀，利用 KOH 和异丙醇进行金字塔植绒后采用标准 RCA 清洗流程清洗，去除硅表面损伤和残留化学物质。在 1000℃湿氧氛围中双面生长 SiO$_2$，清洗后利用 POCl$_3$ 对硅片扩散磷，使 n$^+$ 发射极方阻为 100Ω/sq，通过 HF 去除磷硅玻璃。利用 1064nm 紫外激光刻蚀机切割成 2cm×2cm 小块并测试。图 4-13 为通过 QSSPC 测得的少子寿命与过剩载流子曲线，图 4-14 为通过 QSSPC 测得的暗饱和电流密度。

4.2.4　实验过程及结果分析

改变 ALD 沉积温度，观察不同沉积温度对 Al$_2$O$_3$ 生长速度的影响。图 4-15 为改变 ALD 沉积温度时，在相同时间内对应的 Al$_2$O$_3$ 膜厚度。可以看出沉积温度 200℃时，Al$_2$O$_3$ 膜厚度为（32±2）nm。沉积温度 500℃时，Al$_2$O$_3$ 膜厚度为

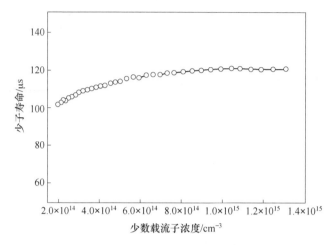

图 4-13 通过 QSSPC 测得的少子寿命与过剩载流子曲线示意图

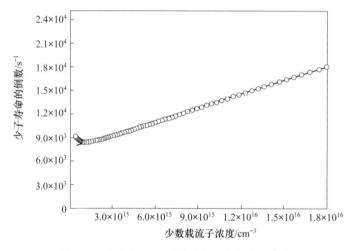

图 4-14 通过 QSSPC 测得的暗饱和电流密度

（20±2）nm，Al₂O₃膜厚度随温度升高显著下降。图 4-16 为沉积温度由 200℃逐渐提高到 500℃时对应每周期 Al₂O₃膜生长厚度，可以看出沉积温度 200℃时，Al₂O₃每周期生长 0.092nm。沉积温度 500℃时，Al₂O₃每周期生长 0.062nm，随着温度升高每周期 Al₂O₃膜生长厚度在逐渐递减。因为较高的基底温度会导致样片表面反应性基团的减少，当温度特别高时会导致表面羟基的损失，降低反应速度，但这并不会影响 Al₂O₃薄膜的表面均匀性。

4.2.5 探索退火温度对沉积层质量的影响

采用 p 型单晶硅薄片，晶向 [100]，面积为 40mm×40mm，厚度为（180±

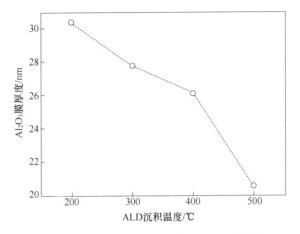

图 4-15 不同 ALD 沉积温度对应 Al₂O₃ 薄膜厚度

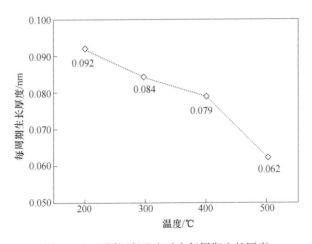

图 4-16 不同沉积温度对应每周期生长厚度

20)nm，电阻率为 (0.50~3.00) (±0.05)Ω·cm。利用 ALD 单面沉积 30nm 厚的 Al₂O₃，并在 450℃ 高温炉中退火 10min（从升温到降温整个过程持续 1h，温度维持 450℃ 时间为 10min），利用 QSSPC 测试各个过程样品表面少数载流子寿命，如图 4-17 所示，可以看出沉积 Al₂O₃ 后少子寿命从 50μs 提高到 112.51μs，经过 450℃ 退火以后少数载流子寿命提高到 130.90μs，由此见得不仅沉积 Al₂O₃ 能够大幅度提高硅片少子寿命，退火处理对表面少子寿命的提高也同样重要。

沉积 Al₂O₃实验中高温退火步骤对沉积层质量至关重要，为探索最佳钝化效果，准备 48 片上述单晶 p 型硅片平均分 (a)(b)(c)(d) 四组，进行如表 4-4 所示实验。

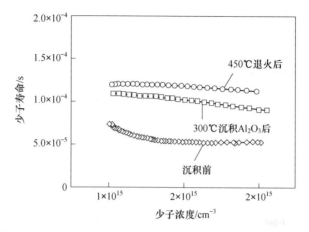

图 4-17 沉积 Al_2O_3 前后和退火前后硅片表面少子寿命的变化

表 4-4 探索表面复合速率与退火温度的关系样片实验条件

实验组	沉积温度/℃	退火温度/℃			
实验组（a）	200	300	350	400	450
实验组（b）	300	300	350	400	450
实验组（c）	400	300	350	400	450
实验组（d）	500	300	350	400	450

图 4-18 给出了沉积温度为 200℃、300℃、400℃、500℃时，退火温度为 300℃、350℃、400℃、450℃时对应的表面最大复合速率曲线。由图 4-18 可知，当沉积温度为 200~300℃时得到了最低的表面复合速率，表面复合速率随退火温度升高而减小，当沉积温度为 400℃时 Al_2O_3 薄膜表面复合速率最大。

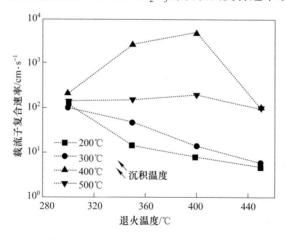

图 4-18 不同退火温度与不同沉积温度对载流子复合速率的影响

4.2.6 探索沉积温度对沉积层质量的影响

沉积 Al_2O_3 实验中高温退火步骤对沉积层质量至关重要，为探索最佳钝化效果，准备 48 片上述单晶 p 型硅片平均分（a）（b）（c）（d）四组，进行如表 4-5 所示实验。

表 4-5　探索表面复合速率与沉积温度的关系样片实验条件

实验组	退火温度/℃	沉积温度/℃			
实验组（a）	300	200	300	400	500
实验组（b）	350	200	300	400	500
实验组（c）	400	200	300	400	500
实验组（d）	450	200	300	400	500

图 4-19 给出了退火温度为 300℃、350℃、400℃、450℃时，沉积温度为 200℃、300℃、400℃、500℃时对应的表面最大复合速率曲线。当退火温度为 450℃时得到了最低的表面复合速率。沉积温度低于 400℃，退火温度 350~450℃时，载流子表面复合速率随沉积温度升高而升高；当沉积温度高于 400℃，退火温度 350~450℃时，载流子表面复合速率随沉积温度升高而下降。对比图 4-18 和图 4-19 可以得出结论，当沉积温度在 200~300℃范围内，退火温度 450℃时，沉积 Al_2O_3 减反层得到最低的载流子复合速率。当沉积温度 400℃，退火温度在 350~400℃时得到了最大载流子复合速率。当沉积温度为 500℃时，改变退火温度，Al_2O_3 表面复合速率相同。

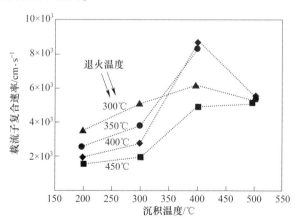

图 4-19　不同沉积温度对应载流子复合速率

图 4-20 是改变沉积温度后，在沉积 Al_2O_3 前、后，450℃退火后，经过激光刻蚀后的样品表面方阻变化情况。沉积温度为 200℃时，表面方阻在退火前后变

化较大，说明沉积的 Al_2O_3 薄膜并没有完全对样品基底起到保护作用；沉积温度 300℃时，各个步骤中样品方阻变化平稳，说明此温度下沉积的 Al_2O_3 薄膜能够更好地保护样品基底，达到钝化目的。沉积温度为 400℃时，其情况和 200℃相同，退火前后方阻变化较大，沉积层 Al_2O_3 没有完全保护好硅基底。沉积温度 500℃时，沉积 Al_2O_3 后表面方阻反而减少，说明温度过高使硅片表面反应基团减少，沉积层质量较差。

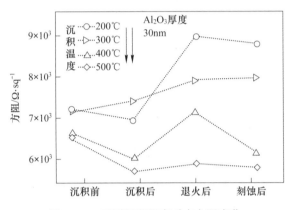

图 4-20　不同沉积温度对应方阻变化

　　根据以上实验可以得出结论：当沉积温度为 300℃、退火温度为 450℃时可以得到最小的 Al_2O_3 薄膜表面复合速率，整个钝化过程方阻变化较小，沉积层能够完全保护硅基底，此时能够得到最佳沉积效果。

4.3　在 PERC 电池结构中比较 Al_2O_3 和 Al_2O_3/SiO_x 叠层性能

4.3.1　实验准备

　　本书实验利用直拉单晶硅（晶向［100］），厚度为 300μm，电阻率为 0.5Ω·cm。经过湿法刻蚀，化学清洗，双面生长 SiO_2（1000℃湿氧生长），利用 1064nm 紫外激光刻蚀机切割成 2cm×2cm 小块，并利用 KOH 和异丙醇进行金字塔植绒，清洗后利用 $POCl_3$ 对硅片扩散磷，使 n^+ 发射极方阻为 100Ω/sq，通过 HF 去除磷硅玻璃。在这个过程中，电池被分成三个批次，每个批次有不同的背面沉积层：

　　（1）硅片背表面沉积热生长的 SiO_2；

　　（2）硅片背表面沉积 130nm 的 Al_2O_3 薄膜；

　　（3）硅片背表面沉积 30nm 的 Al_2O_3（200℃）+200nm 的 PECVD–SiO_x（425℃）叠层，ALD 反应腔内反应物质为三甲基铝（$Al(CH_3)_3$）和氧气（O_2），

随后进行退火，退火过程如图 4-21 所示。PECVD 沉积 SiO_x 利用硅烷（SiH_4）和氧化亚氮（N_2O）作为反应气体。三批次电池其余过程步骤都相同。

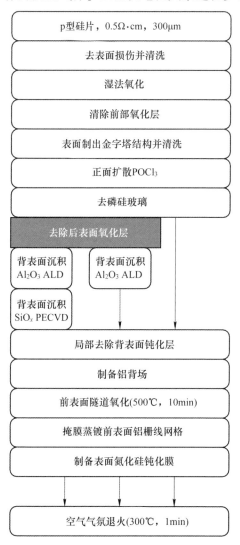

图 4-21　本书实验 PERC 电池制备流程图

利用固体激光器对电池背表面介电层进行刻蚀，使电极和基底接触。利用电子束在整个电池背表面蒸发 20μm 铝薄膜。n^+ 发射极隧道氧化，500℃，10min，得到 1.5nm 厚氧化层。利用掩膜在前表面氧化沟道上蒸发 20μm 金属铝栅格。最后，利用 PECVD（300℃）在 PERC 电池前表面沉积 SiN_x 减反层。测试电池性能之前，将电池放入高温氧化炉中（300℃，1min），能使电池 *FF* 因子和开路电压 U_{oc} 略微提高。实验所用电池片是 2cm×2cm。

4.3.2　结果分析

表 4-6 给出了不同背表面沉积的 PERC 电池性能测试结果。在标准测试条件下测试（25℃，100mW/cm²，AM1.5G），可以看出退火后 SiO₂ 背表面钝化的效率是 19.5%，开路电压 $U_{oc}=656$mV，短路电流密度 $J_{sc}=38.9$mA/cm²。通过分析电池性能的测试结果发现，四块电池背表面沉积 SiO₂ 的平均值展示出一个非常小的分散性，说明该实验过程的高度重复性。并且硅背表面沉积 Al₂O₃、Al₂O₃/SiO_x 和 SiO₂ 后电池性能参数也在一定范围内变化。值得注意的是，与背表面沉积 SiO₂ 层相比，背表面沉积 Al₂O₃ 和背表面沉积 Al₂O₃/SiO_x 的电池性能测试中短路电流密度 J_{sc} 没有减少。因为在高正电荷电介质条件下，例如存在高密度正电荷的 SiN_x 时（正电荷密度 >10¹² c/m²），由于寄生电流的存在，SiN_x 的 J_{sc} 与热 SiO₂ 相比会减少 1~2mA/cm²。但这种情况不会出现在 Al₂O₃ 沉积层中，因为 Al₂O₃ 是负电荷，负电介质层在 p 型单晶硅背表面下方会诱导多子积累而不会诱导少子反型。Al₂O₃ 薄膜通常具有高固定负电荷的特征，电荷密度高达 -10¹³ c/m²。表 4-6 的电池性能证明了在背表面沉积 Al₂O₃/SiO_x 和 SiO₂ 都不存在预期的寄生分流现象。最好的电池性能是沉积 Al₂O₃/SiO_x 样品，其光电转化效率为 19.6%，开路电压为 660mV，短路电流密度为 39mA/cm²。

表 4-6　不同背表面沉积的 PERC 电池性能测试

电池组	背面沉积层	U_{oc}/mV	J_{sc}/mA·cm⁻²	FF/%	η/%
（a）组	SiO₂（220nm）	656	38.9	80.3	19.5
（a）组平均值	—	655±1	38.4±0.5	80.3±1.3	19.2±0.3
（b）组	ALD-Al₂O₃（130nm）	655	38.7	78.9	19.0
（b）组平均值	—	656±2	38.6±0.1	79.4±1.4	19.0±0.4
（c）组	Al₂O₃（30nm）/SiO_x（200nm）	660	39.0	80.1	19.6
（c）组平均值	—	657±2	38.6±0.3	80.4±1.1	19.4±0.4

单从表 4-6 中给出的电池性能参数无法确定背表面沉积层质量，因为太阳能电池效率很大程度上受限于前表面发射极的复合损失。因此用波长范围 800~1200nm 的内量子效率更利于分析背表面不同沉积氧化膜方案的效果。内量子效率是指太阳能电池输出被吸收的光（入射光减去反射光和透射光）的比值，图 4-22 为三组电池内量子效率（测量时固定光强为 0.3suns）。

由图 4-22 可知，Al₂O₃/SiO_x 内量子效率最高，其光捕捉能力最强，Al₂O₃ 和 SiO₂ 内量子效率测试值相近，结论接近表 4-6 结论。通过内量子效率可以确定载

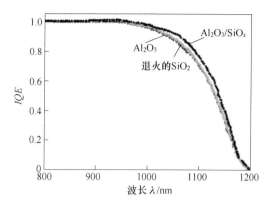

图 4-22　背表面不同沉积方案对应的内量子效率

流子复合速率 Sr，反射率 R。SiO_2 的复合速率为 $Sr = (90\pm20)\,cm/s$，单层 Al_2O_3 背表面沉积减反膜后表面载流子复合速率与沉积 SiO_2 薄膜后复合速率相同。Al_2O_3/SiO_x 叠层的表面复合速率下降为 $Sr = (70\pm20)\,cm/s$，因为在沉积富氢的 SiO_2 时，在 Al_2O_3/Si 界面态发生界面态的氢化，PERC 电池点接触背接触有效复合速率 Sr 可由 Fischer 方程求出：

$$Sr = \frac{Dn}{W}\left[\frac{P}{2W\sqrt{\pi f}}\arctan\left(\frac{2W}{P}\sqrt{\frac{\pi}{f}}\right) - \exp\left(-\frac{W}{P}\right) + \frac{Dn}{fWS_{met}}\right]^{-1} + \frac{S_{pass}}{1-f} \quad (4-5)$$

式中，Dn 为电子扩散系数；W 为薄片厚度；P 为接触距离；f 为金属函数；S_{met} 和 S_{pass} 分别为金属和背表面沉积层处的复合速率 Sr。

根据公式（4-5），通过测试得到实验电池片 $Sr_{min} = 73\,cm/s$，$Dn = 23\,cm^2/s$，$W = 290\,\mu m$，$P = 2000\,\mu m$，$f = 4\%$，$S_{met} \geqslant 10^5\,cm/s$。

通过上述结果可以看出在硅片背表面沉积 Al_2O_3/SiO_x，其表面复合几乎可以完全忽略，虽然背表面沉积 Al_2O_3/SiO_x 后，钝化效果更好，但是对复合起决定性作用的是复合速率 Sr 值。在与金属的接触中，Al_2O_3 具有更优的 Sr，根据内量子效率曲线也可以证明利用原子气相沉积的 Al_2O_3 薄膜与其他两组实验片相比是更好的介质层。

参 考 文 献

［1］ PÄIVIKKI R, JAN B, VILLE V, et al. N-type black silicon solar cells ［J］. Energy Procedia, 2013（38）：866-871.

［2］ LIN X X, HUA X, HUANG Z G, et al. Realization of high performance silicon nanowire based solar cells with large size ［J］. Nanotechnology, 2013, 24（23）：235402.

［3］ WANG Y, SUN J L, LIN T H. Research on E-Government system based on Multi-source Information Fusion ［J］. Applied Mechanics and Materials, 2013（303）：2345-2348.

［4］ 张丹妮，孙楚潇，王月. 多晶太阳能电池制绒工艺优化［J］. 固体电子学研究与进展，2017（2）：144-148.

［5］ 孙楚潇，张丹妮，王月. 多晶黑硅表面微结构对电池效率的影响［J］. 半导体技术，2017（6）：458-462.

［6］ WANG W, WU S, REINHARDT K, et al. Broadband light absorption enhancement in thin-film silicon solar cells［J］. Nano Letters, 2010, 10（6）：2012-2018.

［7］ 赵富鑫，魏彦章. 太阳电池及其应用［M］. 北京：国防工业出版社，1985：46-58.

［8］ 安其霖，曹国琛，李国欣，等. 太阳电池原理与工艺［M］. 上海：上海科学技术出版社，1984：78-99.

［9］ 黄锡坚. 硅太阳电池及其应用［M］. 北京：中国铁道出版社，1985：144-169.

［10］ 毛友德. 非晶态半导体［M］. 上海：上海交通大学出版社，1986：79-102.

［11］ HUANG Z P, NADINE G, WERNER P, et al. Metal assisted chemical etching of silicon：A review［J］. Advanced Materials, 2011, 23（2）：258-308.

［12］ HONG S, LIU B, XIA Y, et al. Influence of the texturing structure on the properties of black silicon solar cell［J］. Solar Energy Materials & Solar Cells, 2013（108）：200-204.

［13］ GATZ S, DULLWEBER T, BRENDEL R. Contact resistance of local rear side contacts of screen-printed silicon PERC solar cells with efficiencies up to 19.4%［C］//Proceedings of the 37th IEEE Photovoltaic Specialists Conference. USA：Seattle, 2011：3658-3664.

［14］ REFI P, CONSUMPTION C, TRADE P. BP statistical review of world energy junc 2012［J］. Annex, 2012：1-48.

［15］ PETROLEUM B. BP statistical review of world energy June 2010［J］. Economic Policy, 2010, 4（6）：29.

［16］ GUMEY J. BP statistical review of world energy［J］. Journal of Policy Analysis & Management, 2001, 4（2）：283.

［17］ YUE Z H, SHEN H L, JIANG Y, et al. Large-scale black multi-crystalline silicon solar cell with conversion efficiency over 18%［J］. Applied Physics A, 2014, 116（2）：683-688.

［18］ ZHAO Z C, ZHANG B Y, LI P, et al. Effective passivation of large area black silicon solar cells by SiO_2/SiN_x：H Stacks［J］. International Journal of Photoenergy, 2014（16）：7618-7626.

［19］ MACKEL H, VARNER K. On the determination of the emitter saturation current density from lifetime measurements of silicon devices［J］. Progress in Photovoltaics Research & Applications, 2013, 21（5）：850-866.

［20］ BREITENSTEIN O. The physics of industrial crystalline silicon solar cells［J］. Semiconductors and Semimetals, 2013（89）：1-75.

［21］ MARTIN O, MATTHIAS K, THOMAS K, et al. Passivation of optically black silicon by atomic layer deposited Al_2O_3［J］. Energy Procedia, 2013, 38（1）：862-865.

［22］ MANKAD T, SINTON R A, SWIRHUN J, et al. Inline bulk-lifetime prediction on as-cut multicrystalline silicon wafers［J］. Energy Procedia, 2013（38）：137-146.

5 无损检测技术

无损检测（non-destructive testing，NDT），就是利用声、光、磁和电等辅助手段，在不损害或不影响被检对象使用性能的前提下，检测被检对象中是否存在缺陷或不均匀性，给出缺陷的大小、位置、性质和数量等信息，进而判定被检对象所处技术状态（如合格与否、剩余寿命等）的所有技术手段的总称。

与破坏性检测相比，无损检测具有以下显著特点：

（1）非破坏性；

（2）全面性 ；

（3）全程性；

（4）可靠性。

开展无损检测的研究与实践意义是多方面的，主要体现如下：

（1）改进生产工艺。采用无损检测方法对制造用原材料直至最终的产品进行全程检测，可以发现某些工艺环节的不足之处，为改进工艺提供指导，从而也在一定程度上保证了最终产品的质量。

（2）提高产品质量。无损检测可对制造产品的原材料、中间各工艺环节直至最终的成品实施全过程检测，为保证最终产品质量奠定基础。

（3）降低生产成本。在产品的制造设计阶段，通过无损检测，及时清理存有缺陷的工件，可免除后续无效的加工环节，减少原材料和能源的消耗，节约工时，降低生产成本。

（4）保证设备的安全运行。由于破坏性检测只能是抽样检测，不可能进行100%的全面检测，所得的检测结论只反映同类被检对象的平均质量水平。

此外，无损检测技术在食品加工领域，如材料的选购、加工过程品质的变化、流通环节的质量变化等过程中，不仅起到保证食品质量与安全的监督作用，还在节约能源和原材料资源、降低生产成本、提高成品率和劳动生产率方面起到积极作用。作为一种新兴的检测技术，其具有以下特征： （1）无需大量试剂；（2）不需前处理工作，试样制作简单；（3）即时检测，在线检测；（4）不损伤样品，无污染等。无损检测技术在工业上有非常广泛的应用，如航空航天、核工业、武器制造、机械工业、造船、石油化工、列车、汽车、锅炉和压力容器、特种设备、以及海关检查等。"现代工业是建立在无损检测基础之上的"并非言过其实。

1900 年，法国海关首次使用伦琴射线对物品进行检测，这可以被称为无损检测技术的首次尝试。自此，无损检测技术开始快速发展起来。国外对无损检测可靠性评估的研究起步较早，1969 年美国国家航空航天局（NASA）使用各种无损检测方法来检测航天飞机设计和生产中可能遗漏的最大缺陷[1]。美国宇航局的方法很快被美国空军和美国商用飞机工业采用[2]。20 世纪 70 年代初，美国开展了大规模的实验，30 多名空军技术人员采用涡流检测、渗透检测、超声检测以及 X 射线对组合结构（含有疲劳损伤的飞机结构样品）进行了无损检测技术的可靠性研究，对 700 余条裂纹进行了 200 多次检验。最终得出的结论是大多数无损检测技术的可靠性通常所假定的是 95%的置信区间和 90%的检测概率[3]。到 20 世纪 70 年代中期，针对给定尺寸的所有缺陷类型提出了一个恒定的 POD，并使用二项式分布方法来评估相关误差或"置信下限"。尽管可以针对单个缺陷大小获得良好的 POD 估计，但需要非常大的样本才能获得对"较低置信度限制"的良好估计。早期关于给定大小缺陷的 POD 恒定的假设，尽管使概率计算更容易，但过于简单，因为对于相同缺陷大小记录了不同的检测百分比。因此，在没有大样本的情况下，采用了各种分组方案来分析数据。但在这些情况下，置信下限的估计值不再有效。对无损检测方法可靠性实验数据的各种分析表明，POD 函数可以通过"对数正态"分布或"对数逻辑"（或"对数概率"）分布进行密切建模。

国内对无损检测技术可靠性的研究起步较晚，但是国内许多学者借鉴国外的无损检测技术可靠性评估研究结果也做了大量的研究工作。1999 年上海交通大学陈志虎、王怡之等人引入了隶属度函数描述的缺陷尺寸与检出概率之间的模糊关系，并对基于模糊定义的缺陷检出概率进行了计算[4]。2002 年上海材料研究所的林树森开发了 NDT 可靠性软件，并指出了该软件的技术优势、功能、特点以及广阔的市场前景。2012 年中广核检测技术有限公司的马官民等人介绍了无损检测可靠性的研究进展，指出了我国与先进国家在无损检测可靠性研究方面的差距[1]。2015 年上海飞机设计研究院的俞佳等人针对无损检测数据的不确定性和样本采集的局限性，首先提出基于贝叶斯公式和最优 POD 函数选取方法，并通过验证了贝叶斯方法选取的 POD 函数适用于无损检测技术的可靠性评估[2]。2020 年中国民航大学的张春晓等人在传统模型的基础上，引入误检概率和漏检概率建立计数模型和计分模型，给出无损检测可靠性的系统评估方法[6]。

无损检测分为常规检测技术和非常规检测技术。常规检测技术有超声检测（ultrasonic testing，UT）、射线检测（radiographic testing，RT）、磁粉检测（magnetic particle testing，MT）、渗透检验（penetrant testing，PT）、涡流检测（eddy current testing，ET）。非常规无损检测技术有声发射（acoustic emission，AE）、红外检测（infrared，IR）、激光全息检测（holographic nondestructive testing，

HNT）等。常规无损检测技术已经比较成熟，本章仅就非常规无损检测技术进行探讨。

5.1 红外检测技术

红外热成像无损检测技术是一种基于热传导和红外辐射理论的快速、有效的无损检测技术，在材料表面缺陷的测试、表征方面有着较为突出的优势，并因其非接触、灵敏度高、空间分辨率高等优点，成为了材料缺陷、损伤检测等方面检测的重要手段。该方法主要通过红外成像设备来对被测材料的温度变化情况进行记录，并通过相关算法来对缺陷进行定性以及定量分析。

19 世纪初期，英国科学家首先发现了红外线的存在。到 20 世纪中叶，英美等国率先开始发展用于检测温度的红外探测技术。到 20 世纪 60 年代初，得克萨斯仪器公司研发出了第一台红外成像设备，AGA 公司研发出了第一台可以对温度进行计量的辐射红外摄像机。到 20 世纪 70 年代末期，得克萨斯仪器公司研发出了第一台非制冷式的红外热像系统。随着红外热成像技术的快速发展，红外热成像无损检测技术的重要性也逐渐凸显出来[7]。

红外热成像无损检测技术主要通过两种方式对被测试件进行检测[8]：一种是直接使用红外热像仪对被测材料进行无损检测；一种是使用外部热源对被测材料施加激励，即主动成像。而在主动成像中，按照激励方式不同可分为脉冲热像法和调制热像法（锁相热成像法）以及近年来发展起来的超声脉冲相位法（UBP）和超声锁相热成像法（ULT）等。而根据加热面的不同对其进行分类则有：反射式，对缺陷正面进行加热，检测其正面的热扩散情况；透射式，对缺陷正面进行加热，检测其背面的热扩散情况。

5.1.1 热辐射理论

当物质的温度大于 -273.15℃ 时，构成物质的分子就会保持不断运动的状态，并且能量状态也会发生改变[9]。当物质的能量状态发生跃迁时，能量将会以光子的形式被释放，而这种现象被称为热辐射。热辐射理论的核心理论包括基尔霍夫定律、普朗克黑体辐射定律和斯忒藩-玻耳兹曼定律。

5.1.1.1 基尔霍夫定律

基尔霍夫定律又称热传导定律，是由物理学家基尔霍夫提出的，用于描述物质的辐射能力与吸收能力之间的关系。辐射能力被称为辐射率，吸收能力被称为吸收率[10]。当物质受到外界能量辐射（辐射能量为 Q）时，有一部分能量将会被吸收转化为热能（Q_α），所吸收的这部分能量与辐射能量的比值称为吸收率（α），如式（5-1）所示：

$$\alpha = \frac{Q_\alpha}{Q} \tag{5-1}$$

在实际生活中，物质的辐射能力与物质的温度有关，即某一温度下，物质辐射 λ 波长的辐射能力为 E_λ，而在相同温度下，黑体辐射该波长的辐射能力为 $E_{b\lambda}$，若

$$\frac{E_\lambda}{E_{b\lambda}} = 定值 \tag{5-2}$$

则此类物质的辐射能力与波长无关，即 $E_\lambda = E$，$E_{b\lambda} = E_b$ 这类物质通常被称为灰体。

灰体的辐射能力可由式（5-3）表示：

$$E = E_0 \times \frac{C}{C_0} \tag{5-3}$$

式中，C 为灰体的辐射系数；C_0 为黑体的辐射系数。

灰体的辐射能力与物质表面粗糙程度和环境温度有关。将式（5-3）进行转换，得到式（5-4）：

$$\frac{E}{E_0} = \frac{C}{C_0} \tag{5-4}$$

即黑体辐射能力与灰体辐射能力的比值与黑体辐射系数与灰体辐射系数的比值相等，将该比值叫做黑度（ε），表示物质的辐射率。

基尔霍夫发现，任何物体的辐射率和吸收率在数值上都相等，即

$$\alpha = \varepsilon \tag{5-5}$$

式（5-5）即被称为基尔霍夫定律。

5.1.1.2 普朗克黑体辐射定律

普朗克黑体辐射定律又名普朗克定律，由德国物理学家 M. Planck 于 1900 年提出[11]。该定律主要对任意温度下，黑体所发射的电磁波的辐射率和频率之间的关系进行描述，见式（5-6）~式（5-10）：

$$M(\lambda, T) = \frac{c_1}{\lambda^5}(e^{\frac{c_2}{\lambda T}} - 1)^{-1} \tag{5-6}$$

$$c_1 = 2h\pi c^2 = (3.741382 \pm 0.000020) \times 10^{-16} \tag{5-7}$$

$$c_2 = \frac{hc}{\sigma} = (1.438786 \pm 0.000045) \times 10^{-2} \tag{5-8}$$

$$h = 6.626 \times 10^{-34} \tag{5-9}$$

$$\sigma = 5.673 \times 10^{-8} \tag{5-10}$$

式中，$M(\lambda, T)$ 为黑体辐射出射度，$W/(m^2 \cdot \mu m)$；λ 为电磁波的波长，T 为黑体的温度；c_1 为第一辐射常数，$W \cdot m^2$；c_2 为第二辐射常数，$K \cdot m$；c 为光速；

h 为普朗克常量，J·s；σ 为玻耳兹曼常量，W/（M^2·K^4）。

普朗克定律也可以能量密度频谱的形式呈现，见式（5-11）：

$$u(\nu, T) = \frac{4\pi}{c} I_\nu(\nu, T) = \frac{8\pi h \nu^3}{c^3} \frac{1}{e^{\frac{h\nu}{\sigma T}} - 1} \tag{5-11}$$

式中，ν 为电磁波的频率；$u(\nu, T)$ 为黑体辐射的能量频谱密度。

式（5-11）也可写成关于电磁波波长的函数，见式（5-12）：

$$u(\lambda, T) = \frac{8\pi hc}{\lambda^5} \frac{1}{e^{\frac{hc}{\lambda kT}} - 1} \tag{5-12}$$

式中，λ 为电磁波的波长；$u(\lambda, T)$ 也为黑体辐射的能量频谱密度。

5.1.1.3 斯忒藩-玻耳兹曼定律

热量传递一般有热传导、热对流、热辐射三种方式[12]。在热辐射普朗克定律的基础上，斯忒藩-玻耳兹曼定律随即被提出，由奥地利物理学家 Josef Stefan 在 1879 年提出。1884 年，奥地利物理学家 Boltzmann 从热力学的方向进行研究，也推导出了同样的结果，该定律主要从物质的辐射强度与物质的辐射率和温度之间的关系进行讨论，即物质表面的辐射强度与其绝对温度的四次方成正比，如式（5-13）[13]所示：

$$W = \varepsilon \sigma T^4 \tag{5-13}$$

式中，W 为物体的辐射强度；ε 为材料在红外波长下的发射率；σ 为玻耳兹曼常量，其值为 5.669×10^{-8} W/（m^2·K^4）；T 为物体的绝对温度。

当物体在红外波长下的表面发射率确定时，可以通过辐射强度 W 来计算该物体的温度，如式（5-14）所示：

$$T = \sqrt[4]{W/(\varepsilon\sigma)} \tag{5-14}$$

5.1.2 脉冲红外热成像检测技术

5.1.2.1 脉冲红外热成像原理

脉冲红外热成像技术属于红外热波成像技术的一种类型，主要是采用脉冲激励对试件表面进行热激励，打破试件表面原有的热平衡，利用红外热像仪将试件表面不可见的红外辐射转变成人眼可分辨的可见热图像。脉冲红外热成像技术具有单次检测面积大、非接触、非破坏、检测速度快等优点，可实现对金属、非金属、复合材料等试件内部缺陷的检测。检测时采用闪光灯脉冲热激励源，配合高帧频红外热像仪，能够有效控制热激励和采集之间的同步，从而检测出封严涂层中的缺陷信息。

5.1.2.2 热波的基本理论——热传导微分方程

在给定特殊热源函数和边界条件的前提下，通过求解热传导方程，可以得到表述热波在媒介中传播的函数[14]。对半无限大均匀介质，其受到平行于介质表

面的均匀面热源加热时，热传导方程可以简化为

$$k\frac{\partial^2 T(x,t)}{\partial x^2} - \rho C_v \frac{\partial T(x,t)}{\partial t} = -f(x,t) \tag{5-15}$$

式中，$T(x,t)$ 为 t 时刻 x 处的温度；$f(r,t)$ 为给介质提供的热源函数；k 为热传导率，W/(m·K)；密度 ρ（kg/m³）与比热容 C_v 的乘积为介质材料的体热容，代表物质存储热量的能力。

热传导率与体热容的比值定义为热扩散系数 α（单位是 m²/s），即 $\alpha = k/\rho c$，用来测量物质传热与存储热量的能力，它是随温度和位置而变化的量，但为了简化，可视为一个常数。对于给定的物质，α 值越大，对外界热环境的改变反应越快，反之，α 值越小，在热环境中达到一个新的平衡所需要时间越长。

脉冲红外热成像系统，加热形式为脉冲加热。考虑一均匀平面脉冲源，在 $t=0$ 时刻作用于半无穷大介质表面，即 $x=0$ 处，如图 5-1 所示[15]。

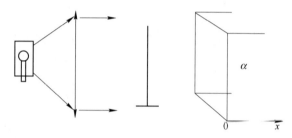

图 5-1　脉冲加热方式下半无穷大介质

热源方程 $f(x,t)$ 可写成：

$$f(x,t) = q\delta(t)\delta(x)\Big|_{\substack{x=0 \\ t=0}} \tag{5-16}$$

式中，q 为常数，代表单位面积上施加的总热量。

热传导方程式（5-15）在任意 $x \geq 0$ 处的解为

$$T(x,t) = \frac{C}{\sqrt{4\pi\alpha t}}e^{-\frac{x^2}{4\alpha t}} \tag{5-17}$$

式中，$C = \dfrac{q}{\rho C_v}$ 为单位面积所加热能与体热容的比值。

对式（5-17）求导，令 $\dfrac{\partial T(x,t)}{\partial T} = 0$，可得到在任意与脉冲加热的材料表面平行的平面 $x = x_0$ 处

$$t_{peak} = \frac{x_0^2}{2\alpha} \tag{5-18}$$

而温度最大值有

$$t_{\text{peak}} = \frac{C}{\sqrt{2\pi e}} \frac{1}{x_0} \tag{5-19}$$

到目前为止，我们仅局限于讨论半无限大介质，只给出了介质内部的温度分布函数。对于具体应用而言，我们更感兴趣的是有限厚度的材料，当脉冲热源作用于有限厚度试件时，可以采用无穷热源分别作用于边界的方法求解。图5-2说明了无限像源的分配，这样在 $x=0$、$t=0$ 时刻，厚板试件的两表面都满足边界条件。

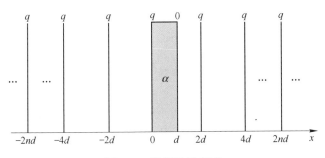

图 5-2 镜像法示意图

将每一热源的贡献简单相加，在满足方程式（5-15）和边界条件

$$\left. \frac{\partial T(x,\ t)}{\partial x} \right|_{\substack{x=0 \\ x=d}} = 0 \text{ 时得到}$$

$$T(x,\ t) = \frac{C}{\sqrt{4\pi\alpha_t}} \left\{ e^{-\frac{x^2}{4\alpha t}} + \sum_{n=1}^{\infty} \left[e^{-\frac{(x-2nd)^2}{4\alpha t}} + e^{-\frac{(x+2nd)^2}{4\alpha t}} \right] \right\} \tag{5-20}$$

在前表面 $x=0$ 处，式（5-20）变为

$$T(0,\ t) = \frac{C}{\sqrt{4\pi\alpha_t}} \left[1 + 2\sum_{n=1}^{\infty} e^{-\frac{(2nd)^2}{4\alpha t}} \right] \tag{5-21}$$

式（5-21）可视为两部分：第一部分是热脉冲随时间冷却；第二部分是脉冲传播的 n 次反射，回到前表面之前传播了 $2nd$ 的距离。在给定介质中，热功当量波衰减非常迅速，高次（$n>1$）反射在大多数应用中都被忽略。如图5-3中的情况，半无限介质中一部分为有限厚度 d，其表面为脉冲加热。由式（5-17），前表面解方程可得

$$T_0(0,\ t) = \frac{C}{\sqrt{4\pi\alpha_t}} \tag{5-22}$$

忽略高阶反射，有

$$T_s(0,\ t) = \frac{C}{\sqrt{4\pi\alpha_t}} \left(1 + 2e^{-\frac{d^2}{\alpha t}} \right) \tag{5-23}$$

式（5-22）和式（5-23）两式相减，得到

$$\Delta T = T_s(0, t) - T_0(0, t) = \frac{C}{\sqrt{\pi \alpha t}} e^{-\frac{d^2}{\alpha t}} \tag{5-24}$$

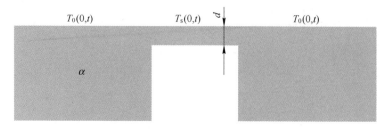

图 5-3　半无限大介质与有限厚度表面温度对比度分析模型

式（5-24）说明，在表面不同厚度处存在温差。将式（5-24）对 t 求导数，可得

$$t_{\text{break}} = \frac{2d^2}{\alpha} \tag{5-25}$$

在有缺陷区域和无缺陷区域温度值出现差异，或材料存在不均匀厚度时，在温度曲线上表现为两条曲线开始分叉。

不同的物理模型推导出来的分离时间和深度之间总存在如下关系：

$$t \propto d^2 \tag{5-26}$$

因此，不同情况下有下列表述式：

$$t = k_1 \frac{d^2}{\alpha} \tag{5-27}$$

式中，k_1 为比例系数；d 为材料的厚度；α 为材料的热扩散系数。

k_1 也可以利用标准试件求出，然后进行应用。

5.1.2.3　脉冲热成像组成体系

脉冲红外热成像系统一般包括 3 部分：闪光灯激励系统、红外热成像系统、图像处理系统。图 5-4 为脉冲红外热成像系统示意图。图 5-5 为脉冲红外热成像采集过程。在闪光灯激励前，先采集试件表面温度信息，主要用于图像处理过程中减去背景干扰，仅计算闪光灯激励后温升部分，与基础温度无关。闪光灯激励结束后需要通过同步触发器触发红外热像仪采集图像，确保闪光灯热激励与红外图像采集之间的同步，两者之间的同步非常关键，将有利于图像重建与求图像导数。红外序列图像采集过程中不能移动，且不能遮挡试件和红外热像仪，可根据试件的导热率和缺陷信息采集不同的帧数。

脉冲红外热成像检测系统模块如图 5-6 所示[16]，主要分为热像仪系统、闪光灯系统和数据采集系统。热像仪系统主要实现红外图像采集，可对热像仪积分时间、采集帧频等参数进行设置；闪光灯系统主要实现对试件表面的热激励，可

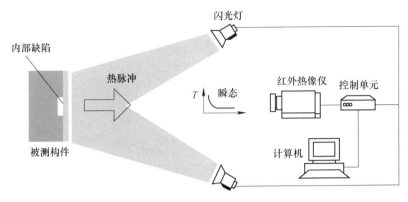

图 5-4 脉冲红外热成像检测技术的工作原理

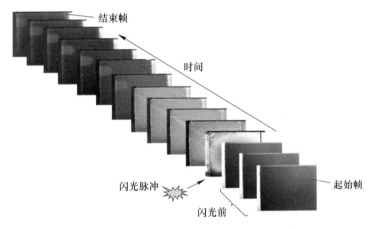

图 5-5 脉冲激励红外热波检测热图序列示意图

对闪光灯截尾时间、能量控制、回冲控制等进行设置；数据采集系统主要用于实现对红外序列图像的采集，可对红外热像仪系统和闪光灯系统进行同步触发与通信。

5.1.3 超声红外热成像检测技术

超声红外热成像检测技术将超声激励技术与红外热成像技术相结合，其原理是低频超声脉冲波作用在构件表面上，利用其特定的振动激励源促使物体内部产生机械振动，缺陷部分因热弹和滞后效应导致声能在物体中衰减而转化成热能。由于构件损伤区域会使得其弹性性质与其他区域的弹性性质有所差别，从而导致声衰减以及产生更多的热能，引起物体局部温度的升高。然后通过红外热像仪对构件表面温度变化情况进行捕捉。通过观察红外热像仪所记录下来的温差，借助于计算机对时序热图进行处理，即可实现对构件内部缺陷的判定与识别。

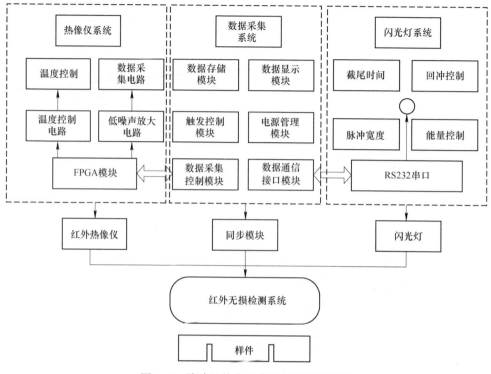

图 5-6　脉冲红外热成像检测系统模块图

5.1.3.1　超声红外热成像技术的检测原理

超声红外热像技术是将短脉冲（50~200ms）、低频率（20~40kHz）的超声波作用于物体表面，超声波经过界面耦合在物体中传播，遇到裂纹、分层等损伤时，机械能在损伤界面的摩擦等作用下显著衰减，并产生热量，从而使损伤处及相邻区域的温度明显升高，其对应表面温度场的变化可用红外热像仪观察和记录。其检测原理如图 5-7 所示[14]。

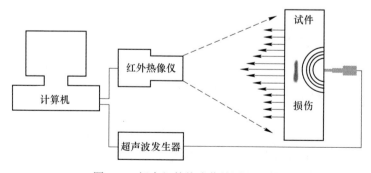

图 5-7　超声红外热成像检测原理图

5.1.3.2 超声波在损伤处的衰减生热

在超声波作用的过程中，材料内部界面贴合型损伤的界面间发生接触、滑移、分离等相互作用。材料在超声载荷作用下的运动方程可表示为

$$M\frac{\mathrm{d}^2 U}{\mathrm{d}t^2} + C\frac{\mathrm{d}U}{\mathrm{d}t} + KU = F + R \tag{5-28}$$

式中，M、C、K 分别为质量矩阵、阻尼矩阵和刚度矩阵；U 为节点位移矩阵；F 为超声波引起的外载荷矩阵；R 为损伤内部界面接触力矩阵。

损伤处产生热流的热流密度为

$$q(t) = \left[\mu_{\mathrm{d}} + (\mu_{\mathrm{s}} - \mu_{\mathrm{d}})\, \mathrm{e}^{-c/v_{\mathrm{e}}(t)} \right] R_{\mathrm{N}}(t) v_{\tau}(t) \tag{5-29}$$

式中，$q(t)$ 为损伤处产生的热流密度；μ_{s}、μ_{d} 分别为损伤处的静摩擦系数和动摩擦系数；c 为静摩擦转化为动摩擦的速度系数；$R_{\mathrm{N}}(t)$ 为法向接触力；$v_{\tau}(t)$ 为接触点的切向相对速度。

5.1.3.3 损伤处的热流传导

对于较薄的各向同性无限大平板材料，设其内部损伤界面上各点生热量相等，且热流均匀分布于 2 个交界面，其热传导微分方程可简化为一维模型：

$$\alpha\frac{\partial^2 T}{\partial x^2} = \frac{\partial T}{\partial t} \tag{5-30}$$

式中，T 为温度；x 为横坐标；t 为时间；α 为热扩散率。

初始条件：$T\big|_{t=0} = T_0$，

边界条件：$-\lambda\dfrac{\partial T}{\partial x}\bigg|_{x=x_0} = q(t) = q_0\delta(t)$。

式中，T_0 为初始温度；x_0 为横坐标上一点；λ 为材料热导率。

理想情况下，忽略表面的对流和辐射换热。经计算可得物体损伤区域的温度变化为

$$T(x,\ t) = T_0 + \frac{q_0}{\sqrt{\pi\rho c\lambda t}}\mathrm{e}^{-\frac{(x-x_0)^2}{4\alpha t}} \tag{5-31}$$

从而物体表面温度变化为

$$T(0,\ t) = T_0 + \frac{q_0}{\sqrt{\pi\rho c\lambda t}}\mathrm{e}^{-\frac{x_0^2}{4\alpha t}} \tag{5-32}$$

对于各向异性的复合材料，难以求得其解析解，需要借助数值分析的方法进行研究。

5.1.3.4 超声红外热成像技术特点

超声红外热成像无损评估是综合应用超声激励和红外热成像技术来对材料或结构的缺陷进行鉴别，尤其对金属材料和陶瓷材料的表面及近表面裂纹、复合材料的浅层分层或脱黏等的检测非常有效。因此利用其超声红外热成像特定的振动

激励源来促使材料或结构内部产生机械振动（弹性波传播），使其缺陷部位（裂纹或分层）因热弹效应和滞后效应等声能衰减而产生并释放出热能，最终引起材料局部温度升高。通过红外热像仪对材料局部发热过程进行捕捉和采集，就可以借助于时序热图像对材料或结构内部的缺陷进行判别。除了能够对微小裂纹进行检测外，超声红外热成像无损评估技术还能应用于其他类型的缺陷检测，如复合材料的内部分层或脱黏等。该技术除了具有对裂纹的检测速度非常快（仅需数秒）、信噪比好和灵敏度高等优点外，对更深的内部分层或裂纹的检测方面也优于其他传统技术（如超声波检测和脉冲红外热成像检测等方法）。

5.1.4　锁相红外热成像技术

锁相红外热成像检测技术的实验设备主要由两部分构成：一部分是热成像系统，另一部分是锁相系统。对于热成像系统，配备好的计算机内部有其获得调制信号的程序，同时也可控制红外热像仪和灯源。由锁相设备控制激励源发射出周期性信号，激励源发出周期性热量对零件进行加热，被加热零件的温度由热像仪同步记录，从热像图能够得到待测物表面温度的信息，再通过计算机软件进一步处理，从热像仪收集到的有缺陷位置与无缺陷位置的信号中，找到频率固定的信号。在检测过程中，如果试件中存在缺陷，那么存在缺陷与没有缺陷的区域会存在幅值差和相位差，通过对其具体的计算分析，最终能够得到缺陷的具体信息。此技术克服了脉冲红外热成像技术与超声红外热成像技术的诸多缺点，具有非接触、轻便、一次探测面积大，能够提供一定深度信息，连续对其激励只需少量热载，对于不均匀的光强、发射、反射、环境辐射等影响设置了内置补偿程序，对噪声的抑制能力很强等优势。

5.1.4.1　锁相红外热成像检测技术原理

锁相红外热成像技术检测缺陷的原理[17]如图 5-8 所示，该检测系统主要由两部分构成，分别是热成像系统和锁相系统。热成像系统由计算机控制热像仪，锁相系统为锁相设备控制热波源，再由计算机控制其发出周期信号给试件加热。

锁相红外热成像检测缺陷的基本原理：首先使用调制热源对被检测物体进行周期性加热，如果该物体的内部存在缺陷，缺陷就会对其正上方表面温度分布产生影响，并具

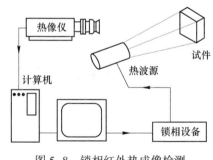

图 5-8　锁相红外热成像检测
技术的原理图

有一定的周期性。因此，有无缺陷的区域就会产生一定的相位差，再由热像仪收集该检测物体的表面温度分布。热像图中存在很多的噪声信号、直流信号等干扰

信号，锁相系统的优点在于能够将微弱的有用信号分离出来，避免其他干扰信号的影响。最后，通过常用的积分法和 FFT 变换法对数据进行处理，得到相位图，从而判断试件是否存在缺陷。

选取缺陷已知的物体，如果只考虑热流沿厚度方向传递（忽略横向扩散），$t>0$、$x=0$ 处，有周期热流输入 $q=I_0 e^{j\omega t}$，得到如下方程[18]：

$$\frac{\partial T}{\partial t} = \alpha \frac{\partial^2 T}{\partial x^2} \tag{5-33}$$

$$x = 0; \quad -k\frac{\partial T}{\partial x} = I_0 e^{j\omega x} \tag{5-34}$$

式中，$\alpha = \dfrac{k}{\rho c}$ 为热扩散系数；T 为温度函数；ω 为角频率，k 为电导率。T 与深度 x 和时间 t 的函数关系为

$$T_{(x,\ t)} = \frac{I_0}{k\sigma} e^{-\alpha x} \cdot e^{j\omega x} \tag{5-35}$$

式中，$\sigma \sqrt{\dfrac{j\omega}{\alpha}} = (1+j)\sqrt{\dfrac{\omega}{2\alpha}} = \dfrac{1+j}{\mu}$；$\mu = \sqrt{\dfrac{2\alpha}{\omega}}$ 为热扩散长度。

方程（5-35）描述了热波沿 x 轴方向传递的情况。

通过简单的傅里叶分析，能够得到幅值和相位的信息，热像仪在每一个周期至少采集 4 幅热像图，取同一周期内 4 个幅值点 S_1、S_2、S_3、S_4，按照以下公式得到相位 ϕ 和幅值 A[19]：

$$A = \sqrt{(S_3 - S_1)^2 + (S_4 - S_2)^2} \tag{5-36}$$

$$\phi = \arctan \frac{S_3 - S_1}{S_4 - S_2} \tag{5-37}$$

5.1.4.2 锁相红外热成像技术检测太阳能电池的方法

锁相红外热成像技术（LIT）检测太阳能电池，根据对太阳能电池施加条件的不同，将检测方法分为两种：暗电流锁相红外热成像检测技术和光锁相红外热成像检测技术。

（1）暗电流锁相红外热成像检测技术。暗电流锁相红外热成像技术通常被称为 DLIT 技术。DLIT 技术是指对太阳能电池加正反偏压（不加外界光照射），此时太阳能电池片中只有暗电流在流动。在漏电流区域，电流的增加导致太阳能电池在此处聚集大量的热，产生明显的温度变化，以致与太阳能电池其他部位的温度不同，很容易被热像仪检测到。因此，用此方法实现了漏电流的间接检测。

DLIT 技术是一种非常有效的检测漏电流的方法，并且通过施加不同的偏压

能够区分漏电流是线性或是非线性漏电流。给同一块太阳能电池样品先后加 +0.5V 和 -0.5V 的正向偏压和反向偏压。加 +0.5V 偏压时，热像图中主要显示的是扩散电流，加 -0.5V 的反向偏压时，热像图中主要显示漏电流。如果在两个热像图中出现位置、强度相同的两点，此处的漏电流即为线性漏电流[20]；如果只出现在反向电压下的热像图中，则此漏电流为非线性漏电流[21]。

在单晶硅太阳能电池中，扩散电流是各向同性的，给电池加大的正向偏压（大于 0.5V），可以找到大的串联电阻区域，在 DLIT 图像中显示的是暗区域，因为有很少甚至没有扩散电流在流动。这种方法不能使用在单晶硅太阳能电池中，因为这些暗区域有很高的载流子寿命，很难区分串联电阻与载流子寿命。

到现在为止，DLIT 检测技术主要在正向偏压下完成，接近最大功率点。对于典型的硅太阳能电池，最大功率点电压接近 0.5V。这种情况下的暗电流密度（小于 2mA/cm^2）相对于短路电流密度（30mA/cm^2）是非常小的，因此串联电阻的影响是非常弱的，耗尽区的电流和电阻分流主导着暗 I-U 特性。此种情况下检测到的热像图是最理想的漏电流图像。如果 DLIT 检测技术在大的电流密度条件下，电池的串联电阻将导致局部的焦耳热汇集在主栅线上，或者不均匀地分散在表面电位上。对于大电流脉冲激励减少，每点的电流值增加，这将扰乱分析的结果。因此，给硅太阳能电池加大电流是绝对不允许的。

硅太阳能电池中漏电流的 I-U 特性严重影响电池的光电转换效率，短路电流控制开路电压和填充因子，DLIT 检测到的热像图局部区域反映了耗尽的功率密度，即局部电压与局部电流的乘积，公式为 $P=UI$。因此，如果串联电阻的损失忽略不计，DLIT 图像直接、定量地反映了局部的漏电流，优先在低的正向偏压下检测电阻分流和缺陷导致耗尽区复合电流的成像。然而在高的正向偏压下检测到的缺陷影响为扩散电流，暗电压电流曲线广泛应用于表征局部缺陷。因此很多表征都可以分析太阳能电池的局部特征。如果 DLIT 在不同的电压下进行，局部的 I-U 特性可以不被破坏就能测量。通过某处 DLIT 的信号，I-U 特性也能被捕获，这些局部区域的模拟效率可视为点，并和其余的电池分开，通过评估 DLIT 在两个不同应用电压的图像，可以获得图像有效的理想因子和饱和电流。如果 DLIT 技术在反向偏压下完成，有故障的位置将被检测到，其电流也将被定量分析，像斜率特征和温度参数等重要的参数都能被成像[22]。

（2）光锁相红外热成像检测技术。光锁相红外热成像检测技术通常被称为 ILIT 技术。ILIT 技术是指在对太阳能电池加正反偏压的基础上施加光照射[23-24]。应用此技术检测时，灯源与太阳能电池样品是不接触的。因此，测试是在开路电压条件下实现的，开路电压的值来自光强度。一个太阳的光强度，相当于 0.6V 的开路电压，然而光强通常小于一个太阳的强度，所以开路电压通常为 0.5V，这就是太阳能电池的最大功率点（被定义为 MPP）。对太阳能电池加 0.5V 的正向偏压和反向偏压能够判断线性与非线性漏电流，ILIT 检测到的热像图漏电流点与前面介绍的 DLIT 方法检测到的漏电点为同一漏电点，但加光照的好处是使漏电点显示的更清晰，并且可以检测到新的漏电区域。如果在 ILIT 技术中施加持续的光照，任何热化损失以及外光的吸收光谱通过锁相过程能够使其自动消失。因此，卤素灯也适用于 ILIT，但使用时应该注意适当地冷却。相比使用一个卤素灯给予 ILIT 实验过程中的持续光照，使用两个卤素灯同时对样品持续光照能够节约 50% 的时间，并且得到的热像图无须经过后期处理[25]。ILIT 技术的好处在于能够克服 DLIT 不能检测串联电阻的缺点，通过给太阳能电池加持续的光照，并使脉冲电压在 0 到最大功率点（0.5V）之间变化，串联电阻的图像能够被检测到，通常称为 Rs-ILIT。Rs-ILIT 图像通常包含着漏电流信号，通常可以用 Rs-ILIT 的图像减去在最大功率点的 DLIT 图像来矫正，这时串联电阻不会与漏电流混淆在一起。

如果 LIT 在反向偏压下被赋予光照，能够捕获到局部的雪崩倍增值的图像，可以区分雪崩击穿的类型。其他的 ILIT 技术图像的单色效率包括所有定量的电损失或者局部的串联电阻损失。LIT 的局限性是空间分辨率低，此现象归因于热模糊，在较大的锁相频率下这种影响可以被降低，并且它纠正了空间反卷积现象。如果应用于裸晶片，LIT 技术可以测量半导体晶片的寿命，此种方法叫做红外寿命映射（ILM）或者载体密度成像（CDI）。在低水平注入下还可以得到捕获中心的图像，ILM/CDI 两种方法的空间分辨率依赖于表面散色条件。因此，定量的结果取决于表面的粗糙程度，通过动态的 ILM 测量，纯粹的寿命测量是可行的。一些像铁、铬与硼会发生热分解。热处理前后的寿命可以被热像仪成像，铁、铬也可以被成像。

5.1.4.3 锁相红外热成像检测技术的应用

锁相红外热成像检测技术的应用包括如下方面：

（1）锁相热成像技术对复合材料网格加筋结构的检测。网格加筋结构的复合材料具有良好的性能，因此得到了广泛的应用。但使用常规的缺陷检测方法并不能有效地对其缺陷进行检测，所以其应用领域受到了一定的局限。利用锁相红外热成像检测技术，通过改变加载频率，能够清晰地观测到筋板的开裂部分，如图 5-9 所示。图 5-9 中 1 指示为网格中的缺陷位置。

（2）锁相热成像技术对蜂窝夹层板的检测。蜂窝夹层材料的优点在于不容易发生形变、表面光滑、吸音、减震、隔热等，因此在航空领域得到了广泛的应用。但如果其在产生和使用过程中产生缺陷，这将严重影响其使用性能。蜂窝夹层板产生的形变和破坏引起的微观结构变化有些是不可恢复的，对其各方

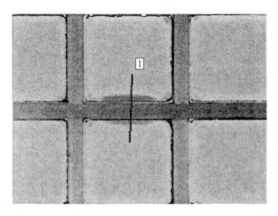

图 5-9 锁相红外热成像法检测复合材料网格加筋结构

面的性能都将造成严重影响。主要破坏形式包括蒙皮基体损伤、蒙皮纤维断裂、分层和蜂窝芯层破坏等。锁相红外热成像技术能够检测出蜂窝夹层板的缺陷。如图 5-10 所示，蜂窝夹层结构的十字花型缺陷、蜂窝的缺失都能被检测出来。

图 5-10 锁相红外热成像法检测蜂窝夹层板

（3）锁相红外热成像技术对复合材料钻孔出口分层的检测。碳纤维复合材料具有轻质、成型性好、强度高等优点，已经被应用于各行各业。但此材料在钻孔时会产生两种主要缺陷：孔自身的精度、形状、位置等问题；产生在出口和入口处，钻孔时入口处材料较厚产生的缺陷很小，对孔的质量影响也很小，出口处层间强度低，很容易产生缺陷。利用锁相热成像技术能够检测到这些缺陷，分层呈现明显的椭圆形，如图 5-11 所示，右侧图像中 1、2、3、4 为左侧钻孔的位置。

（4）锁相红外热成像技术对航空氧气瓶的检测。氧气瓶内层通常选用铝合

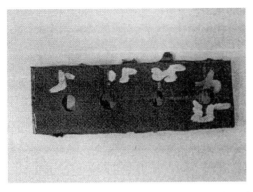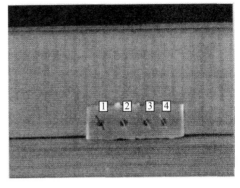

图 5-11　锁相红外热成像法检测复合材料钻孔出口分层[23]

金材料，外层通常选用碳纤维材料，两端是半球形封头，缠绕方式为环向增强缠绕型。这种氧气瓶的损伤形式有很多，经常产生的问题有纤维断裂、层间分层、基体开裂等，这些损伤严重影响氧气瓶的使用性能。利用锁相红外热成像法能够有效地检测出氧气瓶的裂纹，如图 5-12 所示，氧气瓶的开裂部位显示的很明显。

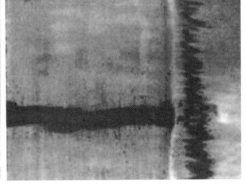

图 5-12　锁相红外热成像法检测航空氧气瓶[23]

（5）锁相红外热成像技术对太阳能电池串联电阻的检测[24]。用锁相红外热成像法对单晶硅太阳能电池检测的图像，如图 5-13 所示。利用暗电流锁相红外热成像检测技术可分析单晶硅太阳能电池串联电阻，还可分析电池的寿命。

利用光锁相检测技术对同一块单晶硅太阳能电池进行检测，如图 5-14 所示。与图 5-13 的热像图进行对比，分析串联电阻的分布特点。结合太阳能电池表征技术（CELLO）[26]和接触电阻检测技术（Corescan）[27]两种方法检测，得到相同

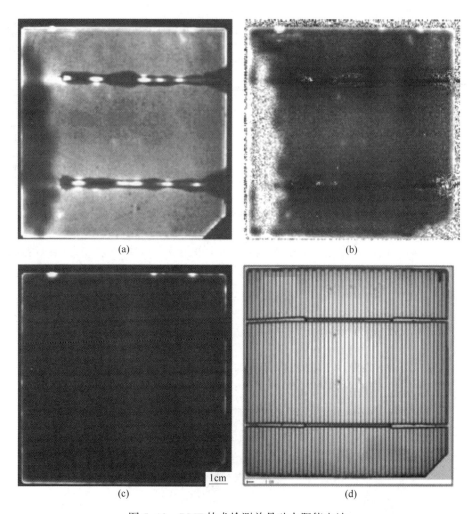

(a)   (b)

(c)   (d)

图 5-13　DLIT 技术检测单晶硅太阳能电池

（a）外加电流 3.8A 拍摄的 DLIT 图像；（b）在 500mV 正向偏压下的图像；（c）调节采集像素得到发射极图像；（d）同一块电池的 LBIC 图像

的串联电阻分布图像。

　　用锁相红外热成像法对多晶硅太阳能电池检测的图像，如图 5-15 所示。在无光照条件下对多晶硅太阳能电池加电流和电压分析其串联电阻，同时还可以得到电池寿命的相关信息。

　　在 DLIT 检测技术的基础上加 880nm 的红外灯光照射，如图 5-16 所示。与不加灯光照射热像图对比，分析串联电阻的分布特点。再用 CELLO 和 Corescan 两种方法检测，得到相同的串联电阻分布图像。

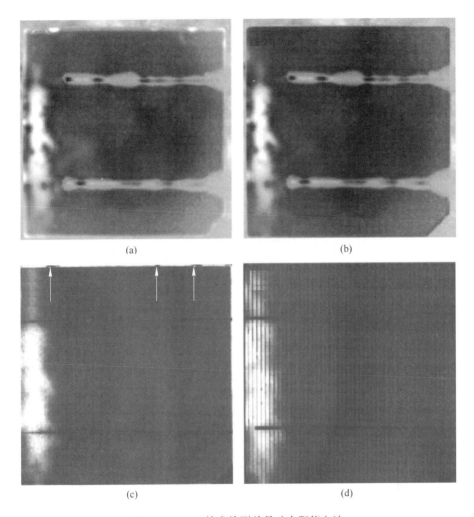

图 5-14   ILIT 技术检测单晶硅太阳能电池

（a）未校正的 ILIT 图像；（b）分流校正的 ILIT 图像；（c）CELLO 图像；

（d）去除边缘效应的 Corescan 图像

5.1.4.4   锁相热成像检测技术的优点

锁相热成像检测技术的优点如下：

（1）锁相红外热成像检测技术与待测物不接触，一次探测面积大，可提供一定深度信息，对非均匀光强、发射、反射、环境辐射内置补偿程序，只需少量热激励热载，有效抑制噪声。

（2）锁相红外热成像检测技术通过施加不同条件对太阳能电池进行检测，通过结合对比，能够对太阳能电池表面及内部缺陷进行全面细致的分析。

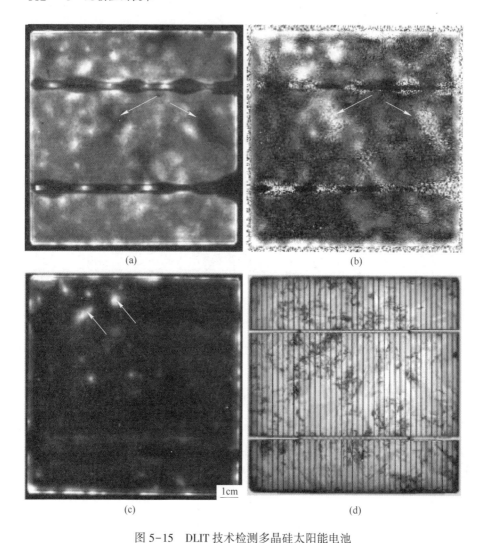

图 5-15 DLIT 技术检测多晶硅太阳能电池

(a) 外加电流 2A 的图像；(b) 在 500mV 正向偏压下的图像；(c) 调节采集像素得到的
发射极图像；(d) 同一块电池的 LBIC 图像

（3）锁相红外热成像检测技术利用锁相方法对太阳能电池发出周期性信号，能够通过热像图的振幅与相位来定量分析缺陷的位置及尺寸，便于监测生产以及产品检测。

锁相红外热成像检测技术还可以检测很多不同的物理参数，是一种很好的表征太阳能电池性能的技术。锁相红外热成像技术检测太阳能电池时，具有较高的灵敏度；对电子板检测时，能够对弱热源精准定位，并且能探测局部漏电现象，还能观察到串联电阻的图像，全面分析硅电池板。

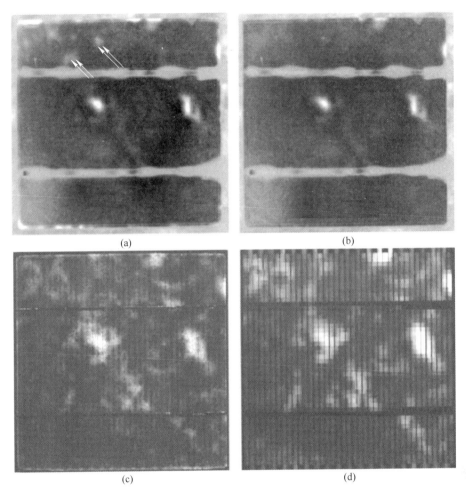

图 5-16 ILIT 检测多晶硅太阳能电池

(a) 未校正的 ILIT 图像；(b) 分流校正的 ILIT 图像；(c) CELLO 图像；

(d) 去除边缘效应的 Corescan 图像

5.1.4.5 国内外发展现状

A 国外发展现状

1992 年，德国斯图加特大学学者 Busse，将锁相技术与红外热成像技术结合，命名为 LIT 技术。1994 年，此技术被应用于硅太阳能电池的研究，成为一种表征硅太阳能电池和其他电子器件的技术手段[28]。1999 年，Busse 将锁相红外热像技术应用于大型机械连接处的牢固性检测，并且尝试了使用超声激励源对物体进行加热，但此方法的不足之处在于检测面积小于 $0.5m^{2[29]}$。2000 年，新加坡学者 Bai 选择不同的加载频率进行检测对比。日本学者 Sakagami 使用调制电流作为外激励源，应用于铝合金和钢的无损检测[30]。次年，Bai 又建立了锁相红外检测的单层和多层理论模型，考虑了厚度方向有限的材料，克服了原模型的局限性[31]。2003 年，波兰学者 Swiderski 利用锁相热成像法对军用复合材料进行检测，得出被检测材料发射率和非均匀热波影响幅值，但对相位的影响很小[32]。2005 年，法国学者 Karapez 用低强度加载对复合材料进行了锁相红外检测，并讨论了加载频率和检测结果清晰度、信噪比之间的关系[33]。2006 年，新德里大学学者 Mulaveesala 把方波作为激励源对试件进行检测，但此方法检测深度较浅[34]。2007 年，美国得克萨斯州国际研究公司学者 Forsyth，对内部腐蚀的金属施加周期性激励，33300 个周期后检测深度为 0.5mm，检测面积为 0.16mm^2 [35]。2008 年，韩国学者 Choi 用锁相技术检测材料近表面缺陷大小和位置，通过相位补偿技术得到了缺陷的相位图[36]。2009 年，加拿大学者 Mabrouki 改变激励源的强度进行检测，得出强度越高，检测深度越大、精度越高的结论。同年，德国学者 Schmidt 将有限单元法应用在锁相红外无损检测中[37]。2010 年，新西兰学者 Navaranjan 采用锁相红外热成像技术对三维纸箱的应力状态和破坏程度进行了评估[38]。2011 年，德国学者 Otwin Breitenstein 用锁相红外无损检测技术分析了太阳能电池的电流电压特性，并得到了扩散电流、复合电流及复合电流的理想因子特性[39]。次年，Otwin Breitenstcin 又提出了通过锁相热成像法检测太阳能电池，并得到相应的串联电阻图像，得到了相关物理参数[40]。2014 年，德国学者 S. Besold 和 U. Hoyer 等人提出了检测太阳能电池组件的方法，并且包括串联连接的体相异质结的有机太阳能电池，此方法取代了传统复杂繁琐的逐个检测每一片电池的方法，并且提出了在光照条件下检测太阳能电池漏电流的方法[41]。2022 年 Lafsson 等采用微型红外相机和集成驱动器的锁相热成像技术对复合材料进行了缺陷识别[42]。

B　国内发展现状

2006 年，首都师范大学张存林学者、北京航空材料研究院郭广平学者与北京维泰凯信息技术责任有限公司金万平合作，针对红外无损检测技术进行了细致的研究并申请了多项发明专利，简述了锁相红外热成像技术的基本理论，介绍了国外的发展现状，并同传统的无损检测技术进行了对比，对复合材料的近表面缺陷进行了有效的实验检测[43]。2008 年，通过图像分割和三维显示法，实现了立体测量，直观准确地得到了缺陷的三维信息。2009 年，北京理工大学学者赵跃进、李艳红将锁相和脉冲热成像技术进行了对比，通过实验验证了两种方法的优缺点。同年，将此技术应用在碳纤维材料的涂层检测，对被检测涂层主动施加热激励，通过热像数据确定涂层厚度和碳纤维内部的缺陷[44]。2010 年，首都师范大学冯立春、陶宁等对方波加热检测系统的原理及验证性实验进行了介绍，并用此方法检测了碳纤维层压板的冲击损伤。结果表明：方波加热的锁相系统结构简单，能够很好地检测厚度不大的试件[45]。2011 年，大连理工大学郭杏林、赵延广等用此方法对复合材料网格加筋结构、蜂窝夹层板、碳纤维复合材料钻孔出口分层、航空氧气瓶等进行了无损检测试验[46]。2013 年，海军工程大学陈林、杨立等人通过不断研究，最终建立了二维瞬态导热模型，并利用有限体积法对该模型进行模拟计算，得到的结果为锁相红外热成像技术提供了理论依据[47]。2015 年，中国船舶科学研究中心李永胜、吴健等人结合正交各向异性复合材料的热弹性理论，通过实验得到了玻璃钢材料最佳的加载频率 f 和标定参数 K，并且对两种典型的船用玻璃钢复合材料连接接头内的应力分布进行了测量，通过对比数值计算结果，认为锁相技术是一种高效的应力测量手段[48]。2019 年，谢飞等对锁相热成像无损检测系统激励源进行了设计，研制了一台频率范围为 0.01Hz ~ 100kHz 的 2kW 样机。通过对铅-钢复合样品的内部缺陷检测，验证了所设计的无损检测激励源的安全可靠性[49]。2021 年黎恩良解决了利用锁相红外热成像技术对小热点定位有一定误差的问题，联用 FIB 系统对电路进行剖面切割制样，找出失效根由，既能定位热点区域较小的失效点，又能避免化学处理对失效点的破坏[50]。

5.2 声发射检测技术

5.2.1 声发射检测的基本原理

当材料或结构受应力作用时，由于其微观结构的不均匀及缺陷的存在，导致局部产生应力集中，造成不稳定的应力分布。当这种不稳定状态下的应变能积累到一定程度时，不稳定的高能状态一定要向稳定的低能状态过渡，这种过渡通常伴随着塑性变形、相变、裂纹的开裂等形式。在此过程中，应变能被释放，其中一部分以应力波的形式释放出来，这种以弹性应力波的形式释放应变能的现象叫做声发射，也叫应力波发射。固体材料产生局部变形时，不仅产生体积变形，而且会产生剪切变形，因此会激起两种波，即纵波（又称压缩波）和横波（剪切波）。产生这种波的部位叫作声发射源。这种纵波和横波从声发射源产生后通过材料介质向周围传播，一部分通过介质直接传到安装在固体表面的传感器，形成检测信号，还有一部分传到表面后会产生折射。折射波又会分成两部分：一部分形成折射波返回到材料内部，另一部分则形成表面波（又称瑞利波）沿着介质的表面传播，并到达传感器，形成检测信号。通过对这些信号进行探测、记录和分析就能够实现材料的损伤评价和研究，其原理如图 5-17 所示。

图 5-17 声发射检测原理

材料在应力作用下的变形与开裂是结构失效的重要机制。这种直接与变形和断裂机制有关的源，通常称为传统意义上的声发射源。近年来，流体泄漏、摩擦、撞击、燃烧等与变形和断裂机制无直接关系的另一类弹性波源，也归到声发射源范畴，称为其他声发射源或二次声发射源。

5.2.2　声发射信号处理

声发射信号是一种复杂的波形，包含着丰富的声发射源信息，同时在传播的过程中还会发生畸变并引入干扰噪声。如何选用合适的信号处理方法来分析声发射信号，从而获取正确的声发射源信息，一直是声发射检测技术中的难点。根据分析对象的不同，可把声发射信号处理和分析方法分为两类：（1）声发射信号波形分析，根据所记录信号的时域波形及与此相关联的频谱、相关函数等来获取声发射信号所含信息的方法，如 FFT 变换，小波变换等；（2）声发射信号特征参数分析，利用信号分析处理技术，由系统直接提取声发射信号的特征参数，然后对这些参数进行分析和评价，从而得到声发射源的信息。

5.2.2.1　特征参数分析法

特征参数法是通过研究声发射信号的特征参数进而表征信号的特性，不同类型的声发射信号的特征参数不同。对于连续型声发射信号的特征参数有振铃计数、能量、平均信号电平与有效值电压等，如图 5-18 所示。

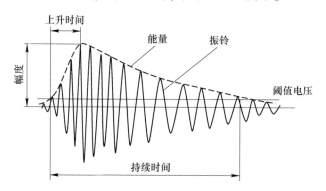

图 5-18　突发型标准声发射信号简化波形示意图

特征参数法简单易实现、分析速度快且应用广泛，如 Roberts 等人[51]经实验研究证明了突发型声发射信号的振铃计数可作为判断拉伸焊接构件裂纹扩展程度的指标之一。Shengli Li 等人[52]在研究超高性能混凝土（UHPC）与普通混凝土（NC）材料性能时表示，声发射参数变化特征可用于分析结构的损伤过程和破坏前兆信息，其中振铃数、能量与 b 值在 UHPC-NC 组合梁各破坏阶段具有较强表征能力。Zhou 等人[53]进行了基于声发射参数的不同连接组合板断裂特征研究工作，通过静态实验获得了声发射特征参数，研究表明组合板承载能力与累积声发射能量、上升时间与持续时间成正比,上升时间的相关系数最高,该实验成果有助于推进声发射技术在叠合板损伤分析和健康监测领域的应用。G. J. Tan 等人[54]采用声发射（AE）技术对不同变形能力的 WSRSPP-ECC 薄板的弯曲损伤过程进行监测。实验结果表明,AE 信号参数能够捕捉和描述 WSRSPP-ECC 薄板不同损伤阶段的转变,对 AE 信号的 b 值进一步分析表明 AE 信号可以表征不同变形能力的 WSRSPP-ECC 薄板在弯曲损伤过程中的内部微裂纹不同特征;同时针对弯曲损伤过程前两阶段声发射信号波动较小的特点,提出了 3 种修正的间接声发射信号特征参数:平均能量、平均波形系数和平均频率。Ming 等人[55]用声发射振铃计数、分形维数、频域分析和 b 值 4 种特征参数对堤防管涌的监测数据进行分析,分析结果表明在不同阶段声发射信号的特性可以表征渗流和渗流压力信息。声发射振铃数分形维数和波形能谱可以作为监测管道状态变化的新指标,声发射分形维数和能谱曲线随时间的突变可以看作是管道状态变化的前兆。

特征参数法虽然优点众多,但是由于 AE 信号传播机制的问题,如传播时发生频散现象出现波形失真,导致信号的细节无法完全涵盖,同时对于不同环境、不同应用下的声发射信号如何选取有效参数等问题,使得波形参数法的应用受到了一定的局限。

5.2.2.2 波形分析法

信号波形分析的常用方法包括时域分析、频谱分析和时频分析,它们各自具有不同的特点。时域分析是最直观、最容易理解的信号表达形式。在一些与幅值相关的工程问题中,这种描述最为有用,例如结构振动的位移、加速度等。但是它没有任何频率信息,看不到信号的成分,不利于分析振源、振动传递与频率的关系等。频谱分析一般通过傅里叶变换把信号映射到频域加以分析,虽然这种方法能够将时域特征和频域特征联系起来,能分别从信号的时域和频域进行观察,但不能表述信号的时-频局部性质,而这恰恰是非平稳信号最根本和最关键的性质。在此基础上,人们对傅里叶分析进行了推广,提出了很多能表征时域和频域信息的信号分析方法,如短时傅里叶变换、Gabor 变换、小波变换等。

A 连续小波变换

设 $\Psi(t) \in L^2(R)$,基傅里叶变换为 $\hat{\Psi}(\omega)$,当 $\hat{\Psi}(\omega)$ 满足容许条件

$$C_\Psi = \int_R \frac{|\hat{\Psi}(\omega)|^2}{|\omega|} \mathrm{d}\omega < \infty \tag{5-38}$$

时,我们称 $\Psi(t)$ 为一个基本小波或母小波。由容许性条件可知,$\Psi(t)$ 具有衰减性,为此称之"小";同时,$\Psi(t)$ 具有震荡性,故称之为"波";将母函数 $\Psi(t)$ 经伸缩和平移后得

$$\Psi_{a,h}(t) = \frac{1}{\sqrt{|a|}} \Psi\left(\frac{t-b}{a}\right) \quad a, b \in R; a \neq 0 \tag{5-39}$$

称其为一个小波序列。其中 a 为伸缩因子，b 为平移因子。对于任意的函数 $f(t) \in L^2(R)$ 的连续小波变换为

$$W_f(a, b) = |a|^{-\frac{1}{2}} \int_R f(t) \overline{\Psi\left(\frac{t-b}{a}\right)} \mathrm{d}t \tag{5-40}$$

其重构公式（逆变换）为

$$f(t) = \frac{1}{C_\Psi} \int_{-\infty}^{\infty} \int_{-\infty}^{\infty} \frac{1}{a^2} W_f(a, b) \Psi\left(\frac{t-b}{a}\right) \mathrm{d}a\mathrm{d}b \tag{5-41}$$

从定义上可看出，小波变换也是一种积分变换，小波分解的过程就是不断地改变小波窗的中心（即时移）和尺度后与信号相乘做积分运算，从而得到信号在每一个频率尺度下任意时刻的信号成分。小波分解的结果反映了信号 $f(t)$ 在尺度 a（频率）和位置 b（时间）的状态。

B 离散小波变换

在实际运用中，检测信号都是离散的试件序列，因此在计算机上进行小波分析时，连续小波必须加以离散化。需要强调的是，这一离散化都是针对连续的尺度参数 a 和连续平移参数 b 的，而不是针对时间变量 t。

通常，把连续小波变换中尺度参数 a 和平移参数 b 的离散公式分别取作 $a = a_0^j$，$b = ka_0^j b_0$，这里 $j \in Z$，扩展步长 $a_0 \neq 1$ 是固定值。为方便起见，总是假定 $a_0 > 1$。所以对应的离散小波函数 $\Psi_{j, k}(t)$ 可写为

$$\Psi_{j, k}(t) = a_0^{-\frac{j}{2}} \Psi\left(\frac{t - ka_0^j b_0}{a_0^j}\right) = a_0^{-\frac{j}{2}} \Psi(a_0^{-j}t - kb_0) \tag{5-42}$$

则称

$$W_f(j, k) = a_0^{-\frac{j}{2}} \int_R f(t) \overline{\Psi(a_0^{-j}t - kb_0)} \mathrm{d}t \tag{5-43}$$

为 $f(t)$ 的离散小波变换。

离散化的连续小波变换以一定方式对 (a, b) 进行离散采样，采用的网格采样取 $a = a_0^j$，$b = ka_0^j b_0$，即对小尺度的高频成分采样步长小，而对大尺度的低频成分采样步长大。

最常用的是二进制的动态采样网格：$a_0 = 2$，$b_0 = 1$，每个网格点对应的尺度为 2^j，而平移为 $2^j k$。将离散化数取 $a_0 = 2$，$b_0 = 1$ 的离散小波称为二进小波。

C 小波变换的多分辨率分析

多分辨率分析的具体实现是把信号 $f(t)$ 通过一个低通滤波器 H 和一个高通滤波器 G，分别得到信号的低频成分 $A(t)$ 和信号的高频成分 $D(t)$，滤波器则由小波基函数决定。若在一次小波变换完成后，低频成分 $A(t)$ 中仍含有高频成分，则对 $A(t)$ 重复上述过程，直到 $A(t)$ 中不含高频成分，该分解过程可以表示为

$$f(t) = A_1(t) + D_1(t)$$
$$= A_2(t) + D_2(t) + D_1(t)$$
$$\vdots \qquad\qquad\qquad (5\text{-}44)$$
$$= A_j(t) + \sum_{i=1}^{j} D_i(t)$$

式中，$A_j(t) = \sum_{k \in z} c_{j,k} \Phi_{j,k}(t)$ 是信号 $f(t)$ 中频率低于 $2^{-j-1} f_s$ 的成分，f_s 为采样频率，而 $D_j(t) = \sum_{k \in z} d_{j,k} \Psi_{j,k}(t)$ 则是频率介于 $2^{-j-1} f_s$ 与 $2^{-j} f_s$ 之间的成分，$\Phi(t)$ 和 $\Psi(t)$ 为尺度函数和小波函数，j 表示小波分解级数。

式（5-44）中的系数由以下递推公式推出：

$$\begin{cases} c_{j,k} = \sum_n c_{j-1,k} \overline{h}_{n-2k} \\ d_{j,k} = \sum_n c_{j-1,k} \overline{g}_{n-2k} \qquad (k = 0, 1, 2, \cdots, N-1) \\ c_{0,k} = f_k \end{cases} \qquad (5\text{-}45)$$

式中，f_0 为信号的时域波形；N 为采样点数；$h(n)$、$g(n)$ 为滤波器 H 和 G 的脉冲响应。

式（5-45）表明，信号 $f(t)$ 按 Mallat 算法分解，分成了不同的频率成分，并将每一级低频率通道再次分解，分解级数越高，频率划分就越细，越能分解出更低频的成分。

5.2.3 声发射噪声

5.2.3.1 声发射噪声的类型

声发射噪声类型包括机械噪声和电磁噪声。机械噪声是指由于物体间的波击、摩擦、振动所引起的噪声；而电磁噪声是指由于静电感应、电磁感应所引起的噪声。

5.2.3.2 声发射噪声的来源

声发射检测过程中常见的电磁噪声来源：

（1）由于前置放大器引起的不可避免的本底电子噪声。

（2）因检测系统和试件的接地不当而引起地回路噪声。

（3）因环境中电台和雷达等无线电发射器、电源干扰、电开关、继电器、马达、焊接、电火花、打雷等引起的电噪声。

声发射检测过程中常见的机械噪声来源主要有三方面：摩擦引起的噪声、波击引起的噪声、流体过程产生的噪声。

（1）摩擦噪声，加载装置在加载过程中由于相对机械滑动引起的声响，包括试样夹头、施力点、容器支架、螺丝、裂纹面的闭合与摩擦等。

（2）波击噪声，包括雨、雪、风沙、振动及人为敲打。

（3）流体噪声，包括高速流动、泄漏、空化、沸腾、燃烧等。

5.2.3.3 噪声的排除方法

噪声的鉴别和排除，是声发射技术的主要难题，现有许多可选择的软件和硬件排除方法。有些须在检测前采取措施，而有些则要实时或在事后进行。

5.2.4 声发射检测技术应用发展

Kaiser 等人[56]在20世纪50年代首先对多种金属（如金属锌、铝等）材料进行断裂形变实验，发现金属对载荷加载程度具有记忆性，即对材料多次施加载荷时，仅在最大加载值时出现明显的不可逆声发射现象。20世纪60~70年代，美国等西方发达国家相继展开了对声发射信号的理论与应用的研究，计划将 AE 技术推向无损检测领域。Dunegan 等人[57]通过观察记录的方法，将声发射信号的实验频率范围修正至高频区（100kHz~1MHz），表明 AE 信号容易从环境噪声中分离，为声发射检测技术的工程应用奠定了基础。20世纪60年代中期美国 General Dynamics 公司在某导弹壳体的水压实验中将声发射检测技术带入生产现场，Green 等人[58]成功将 AE 应用在裂纹检测、液体泄漏检测等无损检测领域。20世纪70~90年代，声发射检测技术实现了由实验研究到工程应用的过渡，AE 检测系统实现了由模拟到数模混合的过渡。美国 Nortec 公司[59]率先推出了由模拟电路实现的 AE 检测仪，随后美国 PAC 公司将 MPU 引入 AE 检测系统，开发了结合数据分析软件的数模混合的 AE 检测系统。20世纪90年代，德国 Vallen 公司研制出了用于参数分析的第三代多通道 AE 检测分析系统，为声发射信号特征的研究提供了可靠保障。

我国20世纪70年代引入声发射技术，展开了基于 AE 的复合材料内部开裂点的研究。20世纪80年代中期引入基于 AE 的信号检测与处理分析系统，并成功应用于压力容器的评估检测[60]。20世纪90年代我国众多公司相继从海外引入 AE 仪器，展开了在压力容器、金属材料、岩体破裂等方面的应用与研究。随着半导体相关产业飞速发展，现代信号处理理论与方法的不断深入与完善，以及我国研究 AE 技术的科研人员数量不断增多，为结合不同领域的应用研究，AE 检测系统也向着专业化、自动化与智能化等方向发展，除了对 AE 信号进行实时采集、跟踪显示、分析与处理外，越来越多的科研人员开始探究 AE 信号波形数据本身的特征及其应用，广泛涉及如医学、电力、材料试验、航天航空与金属加工等众多生产或研究领域[61]。

5.3 激光全息检测技术

激光全息无损检测是无损检测技术中的一个新分支，自20世纪60年代末期发展起来，已成为全息干涉计量技术的重要应用之一。激光全息无损检测技术在我国的应用始于 1974 年，当时天津大学与南昌洪都机械厂合作，用 He-Ne 激光器为光源，成功研制了 JD-Ⅱ型全息干涉仪，用于强-5 飞机上铝面板蜂窝夹层结构的检测。随后国内一些高校和科研院所掀起了一股研究激光全息无损检测的热潮。

多年来，激光全息无损检测的理论、技术、照相系统和图像处理系统都有了很大发展。在航空航天工业中，激光全息无损检测对复合材料、蜂窝夹层结构、叠层结构、航空轮胎和高压管道容器的检测具有某些独到之处，解决了其他方法无法解决的问题。脉冲激光器出现之后，消除了全息干涉过程中的隔振要求，这就使激光全息无损检测技术应用到工业生产现场成为可能。目前，由于视频拷贝和计算机图像处理技术的迅速发展，全息干涉条纹图像可以通过 CCD 摄像机快速、准确地输入计算机进行数字图像处理，满足无损检测技术的各种需要。同时，国内外研发机构已经将激光全息检测技术与光纤、CCD 和微机数字图像处理等新技术相结合，形成非接触远距控制小型化检测仪器，摆脱了实验室的束缚；也可以通过互联网进行远距离传输，把畸变全息干涉条纹图像传到专家办公室，由专家来对缺陷作出诊断。由此可以预测，激光全息无损检测与 CCD 摄像、计算机数字图像实时处理等数字化技术相结合，将把这一技术推向新的发展高度。

5.3.1 激光全息检测技术概述

激光全息无损检测是利用激光全息干涉来检测和计量物体表面和内部缺陷的，这种技术的原理是在不使物体受损的条件下，向物体施加一定的载荷，物体在外界载荷作用下会产生变形，这种变形与物体是否含有缺陷直接相关，物体内部的缺陷所对应的表面在外力作用下产生了与其周围不相同的微差位移，并且在不同的外界载荷作用下，物体表面变形的程度是不相同的。用激光全息照相的方法来观察和比较这种变形，并记录在不同外界载荷作用下的物体表面的变形情况，进行比较和分析，从而判断物体内部是否存在缺陷。图 5-19（a）为一个叠层结构，前壁板有局部脱胶，若对其施加外载荷作用，则其会产生表面变形，如 5-19（b）所示。由于在缺陷区域的刚度、强度、热传导系数等物理量均会发生变化，在有缺陷的区

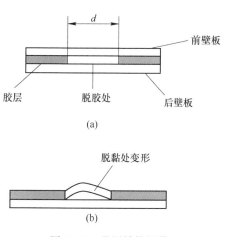

图 5-19 叠层结构图像

（a）初始的叠层结构；（b）施加外界作用
叠层结构受力表面发生形变

域，对应缺陷部位的表面变形与结构无缺陷部位的表面变形是不同的。所以在缺陷区域的局部变化与结构的整体变形就会不一致，从而导致全息条纹发生畸变。

激光全息干涉检测正是建立在判读全息条纹与结构变形量之间的关系基础上，来推导出全息条纹光强变化与物体变形量之间存在的关系[62]。激光全息干涉法的原理是把一个振幅和相位已知的相干波前加到另一个未知的相干波前上，使其产生干涉并记录到全息底片上。其投射到全息底片上的总光强不仅取决于未知相干波前的振幅和相位[63]，其过程如下：

设参考光波为

$$R = R_0(x, y)e^{i\varphi_x(x, y)} \qquad (5\text{-}46)$$

物光光波为

$$O = O_0(x, y)e^{i\varphi_y(x, y)} \qquad (5\text{-}47)$$

式中，$R_0(x, y)$ 和 $O_0(x, y)$ 分别为参考光和物光的振幅；$\varphi_x(x, y)$ 和 $\varphi_y(x, y)$ 分别为它们的相位分布。

对于不同的参考光和物光，它们有不同的表达式。如果参考光为强度均匀的平面波，则 $R_0(x, y)$ 为常数。

参考光与物光在全息底片上的合成光场分布为

$$H = R_0(x, y)e^{i\varphi(x, y)} + O_0(x, y)e^{i\varphi(x, y)} \qquad (5\text{-}48)$$

光强为光波振幅的平方，故有

$$I(x, y) = |H|^2 = H \cdot H^* \qquad (5\text{-}49)$$

$$H^* = R^* + O^* = R_0(x, y)e^{-i\varphi(x, y)} + O_0(x, y)e^{-i\varphi(x, y)} \qquad (5\text{-}50)$$

所以有

$$I(x, y) = |H|^2 = H \cdot H^* = |R|^2 + |O|^2 + R \cdot O^* + R^* \cdot O \qquad (5\text{-}51)$$

将式（5-46）、式（5-47）和式（5-50）代入式（5-51）得

$$I(x, y) = R_0^2(x, y) + O_0^2(x, y) + R_0(x, y)O_0(x, y)e^{i[\varphi_x(x, y)-\varphi_y(x, y)]} +$$
$$R_0(x, y)O_0(x, y)e^{-[\varphi_x(x, y)-\varphi_y(x, y)]} \qquad (5\text{-}52)$$

全息底片的曝光量等于光强和曝光时间的乘积：

$$E = I(x, y)t_e \qquad (5\text{-}53)$$

式中，E 为曝光量；$I(x, y)$ 为光强；t_e 为曝光时间。

由式（5-53）所决定的全息图有一定的振幅透射率，透射率的全息图曝光量函数为

$$T = f(E) = mE = mt_e I(x, y) = \beta I(x, y) \qquad (5\text{-}54)$$

式中，$\beta = mt_e$。

再现时光波与记录时的参考光波一样，用 R_c 表示：

$$R_c = R_0(x, y)e^{i\varphi(x, y)} \qquad (5\text{-}55)$$

再用 R_c 去照射记录好的全息图，则透射光波为

$$A_t = T(x, y)R_c = \beta[R_0^2(x, y) + O_0^2(x, y)]R_0(x, y)e^{i\varphi_x(x, y)} +$$
$$\beta e^{-i\varphi_x(x, y)}R_0^2(x, y)e^{i\varphi_x(x, y)} \cdot O_0^2(x, y)e^{-i\varphi(x, y)} +$$
$$\beta R_0^2(x, y)O_0(x, y)e^{i\varphi_x(x, y)} \tag{5-56}$$

方程式（5-56）中的第一项表示在衍射光线的照明光束方向传播的光波，通过全息图后形成了背景光；式中的第二项包含了物体光波的振幅和相位信息，但是它与原始的物体光波的前进方向不一致；式中的第三项表示一个与物体光波相同的透射光波，再现时就会看到一个和原像一样的像，所以我们把这个透射光波称为原始物体的波前再现。很明显可以看出物体光波和参考光波在全息底片上的干涉叠加后的强度分布特性。

激光全息干涉检测主要采用全息干涉计量中的 3 种方法进行：双曝光全息干涉法、实时全息干涉法、时间平均干涉法。

5.3.1.1 双曝光全息干涉法

双曝光全息干涉技术[64]是指在一张全息底片上对物体的两种不同形态进行记录，先摄取一张被检测试件在不受外力作用下的全息图，然后再摄取一张被检测试件受到外力作用下表面轮廓发生形变的全息图，物体表面轮廓发生了形变，则第二张全息图上的干涉条纹相对于第一张全息图上的条纹就发生了移动，所以用原激光再现时，再现的两种不同形态的物光波由于存在光程差而发生了干涉，于是在再现图像上会观察到一组因形变而附加的全息条纹。如果试件内部有缺陷，则全息条纹的图样在对应有缺陷的局部区域就会出现相应突变的形状变化和间距变化。通过测算这些位移变化，就可以算出试件内部缺陷的位置及其大小。参考光波可表示为

$$A(x) = A_0(x, y)e^{ikx\sin\alpha} \tag{5-57}$$

第一次曝光时的物光波为

$$A_1(x, y) = A_0(x, y)e^{jkx\sin\alpha} \tag{5-58}$$

参考光波为

$$R_1(x, y) = R_0(x, y)e^{i\varphi_0} \tag{5-59}$$

所以第一次曝光全息在底片上的曝光量为

$$I_1(x, y) = |A_1(x, y) + R_1(x, y)|^2 \tag{5-60}$$

设第二次曝光时，物光波为

$$A_1 = A_0 e^{i(\varphi_0 + \Delta\varphi_0)} \tag{5-61}$$

式中，$\Delta\varphi_0$ 为两种不同状态下光程变化而引起的相位变化。

同理第二次曝光时全息干板接收的光强为

$$I_2(x, y) = |A_2(x, y) + R(x, y)|^2 \tag{5-62}$$

若两次曝光时间相等，则两次曝光后的全息干板总的光强分布为

$$I(x, y) = I_1(x, y) + I_2(x, y) \tag{5-63}$$

设两次曝光的振幅透射率与曝光量呈线性关系，则有

$$T = \beta E = \beta t_e (I_1 + I_2)/2$$
$$= \beta t_e [(R_0^2 + A_0^2) + A_0^2 R_0 e^{i\varphi_0} e^{-jkx\sin\alpha}(1 + e^{i\Delta\varphi_0})/2] +$$
$$A_0 R_0 e^{i\varphi_0\sin a}(1 + e^{-i\Delta\varphi_0})/2 \tag{5-64}$$

用原参考光 $R_0 (x, y) e^{i\varphi_0}$ 再现时，则透射全息图的总光场为

$$\tau = \beta t_e [(R_0^2 + A_0^2)R_0(x, y)e^{i\varphi_0} + A_0 R_0 e^{i\varphi_0}(1 + e^{i\Delta\varphi_0})/2] +$$
$$A_0 R_0 e^{-i\varphi_0} e^{jkx\sin\beta}(1 + e^{-i\Delta\varphi_0})/2 \tag{5-65}$$

式（5-65）中第一项为再现照明光波，第二项为透射光波，第三项为再现物体变形后光波的共轭光波。可以看出，再现物体像上附加了一组 $\Delta\varphi_0$ 产生的干涉条纹，干涉条纹随着 $\Delta\varphi_0$ 变化而变化。

当某物体表面在外力下发生位移，则该位移变化前后由于相位变化而产生的光程差 Δl 和相位差 $\Delta\varphi_0$ 之间的关系可由图 5-20 展示。

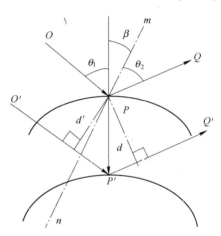

图 5-20 物体位移变化前后 Δl 和 $\Delta\varphi_0$ 之间的关系

图 5-20 中，OP 和 $O'P'$ 为再现光束方向，PQ 和 $P'Q'$ 为观察方向，P 在外力的作用下而变形到 P' 点，其位移量为 d，设位移方向与再现方法及观察方向的夹角为 θ_1 和 θ_2，则

$$\Delta l = d(\cos\theta_1 + \cos\theta_2) \tag{5-66}$$

式中，θ_1 和 θ_2 之和的角平分线为 mn，则 mn 与再现光或是观察方向的夹角为

$$\alpha = (\theta_1 + \theta_2)/2 \tag{5-67}$$

mn 与位移矢量的 d 的夹角为

$$\beta = (\theta_2 - \theta_1)/2 \tag{5-68}$$

则式（5-66）可简化为

$$\Delta l = 2d\cos\alpha\cos\beta \tag{5-69}$$

式中，α 已知，d 的方向未知，所以 β 是未知的。令 $d' = d\cos\beta$，则有

$$\Delta l = 2d\cos\alpha \tag{5-70}$$

式中，d' 表示位移 d 在角平分线上的分量。所以，只要求出 d'，就能得出干涉条纹的微小位移量 d[65]。

5.3.1.2 实时全息干涉法

全息干涉法是对同一物体在两个不同时刻用干涉计量法进行比较，因而可以探测物体在这段时间间隔内所发生的任何微小变化，其准确度可以达到光波的波

长量级。与普通干涉法十分相似，只是获得相干光的方法不同。全息干涉法采用的是时间分割法。时间分割法的特点就是相干光束在同一光路中进行，这样对系统的光学元件的精度要求可以降低[66]。

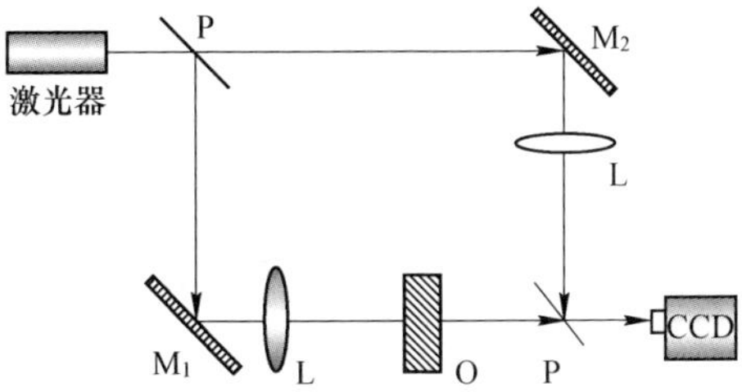

图 5-21　实时数字全息原理图

变形后的物光波和原始物光波之间的干涉，称为实时数字全息干涉。如图 5-21 所示，M_1，M_2 为反射镜，P 为分束镜，L 为透镜，O 为物体。

设物光波为

$$O_1(x, y) = O(x, y)\exp[-j\varphi_0(x, y)] \tag{5-71}$$

传播到 CCD 上的参考光波为

$$R(x, y) = R(x, y)\exp[-j\varphi_r(x, y)] \tag{5-72}$$

则在 CCD 上记录的总光强为

$$I_1 = |R(x, y) + O_1(x, y)|^2 = R^2 + O^2 + RO\exp[j(\varphi_0 - \varphi_r)] +$$
$$RO\exp[-j(\varphi_0 - \varphi_r)] \tag{5-73}$$

给物体加载后，物光波为

$$O_2(x, y) = O(x, y)\exp|-j\varphi_0'(x, y)| \tag{5-74}$$

参考光不变时，此时 CCD 上记录的总光强为

$$I_2 = |R(x, y) + O_2(x, y)|^2 = R^2 + O^2 + RO\exp[j(\varphi_0' - \varphi_r)] +$$
$$RO\exp[-j(\varphi_0' - \varphi_r)] \tag{5-75}$$

将原物光波和变形后的物光波进行干涉，有

$$I(x, y) = I_1(x, y) + I_2(x, y) = 2(R^2 + O^2) + RO\exp[j(\varphi_0 - \varphi_r)] +$$
$$RO\exp[-j(\varphi_0 - \varphi_r)] + RO\exp[j(\varphi_0' - \varphi_r)] +$$
$$RO\exp[-j(\varphi_0' - \varphi_r)] \tag{5-76}$$

再用参考光再现后，与原始物光波和变形物光波有关的分量为

$$U_t = OR^2\exp(j\varphi_0) + OR^2\exp(j\varphi_0') \tag{5-77}$$

干涉条纹的强度为

$$I_t = C\cos(\varphi_0 - \varphi_0') \tag{5-78}$$

可见干涉条纹的强度分布按余弦规律变化，但条纹的可见度比较低[60]。实时数字全息适合于研究物体的变化情况，可以让我们看到物体的连续变化过程，很方便用于温度场分布、物体内部变化等测量。

5.3.1.3　时间平均干涉法

时间平均干涉法是在物体振动时摄制全息图。在摄制时所需的曝光时间要比物体振动循环的一个周期长得多，即在整个曝光时间内，物体能够进行许多个周

期的振动。但由于物体是做正弦式周期性振动，因此大部分时间消耗在振动的两个端点上，所以全息图上所记录的状态实际上是物体在振动的两个端点状态的叠加。当再现全息图时，这两个端点状态的像就相干涉而产生干涉条纹，从干涉条纹图样的形状和分布来判断物体内部是否有缺陷。

这种方法显示的缺陷图案比较清晰，但为了使物体产生振动就需要有一套激励装置。而且，由于物体内部的缺陷大小和深度不一，其激励频率各不相同，所以要求激励振源的频带要宽，频率要连续可调，其输出功率大小也有一定的要求。同时，还要根据不同产品对象选择合适的换能器来激励物体。

5.3.2 激光全息无损检测的方法

用激光全息照相来检测物体内部缺陷的实质是比较物体在不同受载情况下的表面光波，因此需要对物体施加载荷。一般使物体表面产生 0.2μm 的微差位移，就可以使物体内部位置不深的缺陷在干涉条纹图样中有所表现。常用的加载方式有以下几种：

（1）声加载法。声加载法是以声频和中等的超声频进行的（通常低于100kHz）。加载方法是把压电换能器粘贴在被检工件表面上，在工件中建立起共振板模式。当需要大幅度振动的情况下，换能器可通过一个实心的指数曲线形喇叭（声变换器）机械地耦合到一个点上，压电换能器装在半径较大的一端，半径较小的一端压向工件。这种单点激励法也可使整个工件建立起共振，因此可同时检查整个表面的物理特性和探出缺陷。

（2）热加载法。这种方法是对物体施加一个适当温度的热脉冲，物体因受热而变形，内部有缺陷时，由于传热较慢，该局部区域比缺陷周围的温度要高。因此，该处的变形量相应也较大，从而形成缺陷处相对于周围表面的变形有了一个微差位移。

（3）内部充气法。对于蜂窝结构、轮胎、压力容器、管道等工件，可用内部充气法加载，有缺陷处的表面向外鼓起量会比周围大，摄制的全息图可捕获这个微差位移。此加载方法简便、全息图直观、检测效果较好。

（4）表面真空法。对于无法充气的结构，如不连通的蜂窝结构、叠层结构、钣金胶接结构等，可以在外表面抽真空加载，造成缺陷处表皮的内外压力差，从而引起缺陷处表皮变形，在干涉条纹图样中会出现干涉条纹的突变或呈现出环状图案。

5.3.3 激光全息检测应用

5.3.3.1 蜂窝结构检测

蜂窝夹层结构的检测可以采用内部充气、加热以及表面真空的加载方法。例如飞机机翼，采用两次曝光和实时检测方法都能检测出脱黏、失稳等缺陷。当蒙皮厚度为 0.3mm 时，可检测出直径为 5mm 的缺陷。采用激光全息照相方法检测蜂窝夹层结构，具有良好的重复性、再现性和灵敏度。

5.3.3.2　复合材料检测

以硼或碳高强度纤维本身黏接以及黏接到其他金属基片上的复合材料，是近年来极受人们重视的一种新材料。这类材料有着比目前使用的均一材料强度更高等优点，是宇航工业中很有应用前景的结构材料。但这种材料在制造和使用过程中会出现纤维内部、纤维层之间以及纤维层与基片之间脱黏或开裂，使得材料的刚度下降。当脱黏或裂缝增加到一定量时，结构的刚度将大大降低甚至导致损坏，全息照相可以检测出这种材料的缺陷。

5.3.3.3　胶结结构检测

在固体火箭发动机的外壳、绝热层、包覆层及推进剂药柱各界面之间，要求无脱黏缺陷存在。目前多采用 X 射线检测产品的气泡、夹杂物等缺陷，而对于脱黏检测却难于实施。超声波检测因其探头需要采用耦合剂，而且在曲率较大的部位或棱角处无法接触而形成"死区"，限制了它的应用。利用全息照相检测能有效地克服上述两种检测方法的缺点[67]。

5.3.3.4　药柱质量检测

激光全息照相也可以用来检测药柱内部的气孔和裂纹。通过加载使药柱在对应气孔或裂纹的表面产生变形，当变形量达到激光器光波波长的 1/4 时，就可使干涉条纹图样发生畸变。利用全息照相检测药柱不但简便、快速、经济，而且在检测界面没有黏结力的缺陷方面，有独特的优越性。

5.3.3.5　印制电路板焊点检测

针对印制电路板焊点的特点，一般采用热加载方法。有缺陷的焊点，其干涉条纹与正常焊点有明显的区别。为了适应快速自动检测的要求，可采用计算机图像处理技术对全息干涉图像进行处理和识别，通过分析条纹的形成等信息来判断焊点的质量，由计算机控制程序完成整个检测过程。

5.3.3.6　压力容器检测

小型压力容器大多数采用高强度合金钢制造。由于高强度钢材的焊接工艺难以掌握，焊缝和母材往往容易形成裂纹缺陷，加之容器本身大都需要开孔接管和支撑，存在着应力集中的部位，工作条件又较苛刻，如高温高压、低温高压、介质腐蚀等都使得容器易于产生疲劳裂纹。疲劳裂纹在交变载荷的作用下不断扩展，最终会使容器泄漏或破损，给安全生产带来隐患。传统的检验方法是采用磁粉检验、射线检验和超声波检验，或者采用高压破损检验，但检测速度较慢，难以取得满意的效果。采用激光全息照相打水压加载法，能够检测出 3mm 厚的不锈钢容器的环状裂纹，裂纹的宽度为 5mm、深度为 1.5mm 左右。用激光全息方法还可以评价焊接结构中的缺陷和结构设计中的不合理现象等[68]。

参 考 文 献

[1] 马官兵，张俊，李明，等. 无损检测可靠性的研究进展 [J]. 中国电力，2012，45（6）：64-69.

[2] GEORGIOU G A. PoD curves, their derivation, applications and limitations [J]. Insight-Non-Destructive Testing and Condition Monitoring, 2007, 49（7）: 409-414.

[3] 郑世才. 无损检测技术的可靠性 [J]. 无损检测，1995（8）：214-218，230.

[4] 程志虎，王怡之，陈伯真. 无损检测可靠性的模糊定义及其检测概率分析 [J]. 无损检测，1999（8）：337-339.

[5] 俞佳，张春晓，孙宇博. 无损检测技术可靠性的贝叶斯评估 [J]. 焊接，2015（8）：38-42，75.

[6] 张春晓，易威，王志平，等. 无损检测可靠性评价技术及实现 [J]. 数学的实践与认识，2020，50（19）：269-275.

[7] 陈大鹏，毛宏霞，肖志河. 红外热成像无损检测技术现状及发展 [J]. 计算机测量与控制，2016，24（4）：1-6，9.

[8] CLEMENTE I, MARC G, STEPHANE G, et al. Inspection of aerospace materials by pulsed thermography, lock-in thermography, and vibrothermography : a comparative study [J]. SPIE, 2007, 6541: 654116. 1-654116. 9.

[9] 张杰. 红外热成像测温技术及其应用研究 [D]. 成都：电子科技大学，2011.

[10] 黄厚诚，王秋良. 热传导问题的有限元分析 [M]. 北京：科学出版社，2011.

[11] RUD J H. Process temperature measurement using infrared detector: US, EP3123130AI [P]. 2017-02-01.

[12] 胡德洲，左宪章，李伟，等. 钢板表面腐蚀的脉冲涡流热成像检测研究 [J]. 激光与红外，2015（2）：144-149.

[13] 李军，刘梅冬，曾亦可，等. 非接触式红外测温的研究 [J]. 压电与声光，2001，23（3）：202-205.

[14] 宋远佳，张炜，田干，等. 基于超声红外热成像技术的复合材料损伤检测 [J]. 固体火箭技术，2012，35（4）：6.

[15] 徐川. 脉冲红外热成像与锁相热成像 [D]. 北京：首都师范大学，2008.

[16] 袁雅妮，苏清风，习小文，等. 基于脉冲红外热成像技术的航空发动机封严涂层检测研究 [J]. 失效分析与预防，2020，15（5）：6.

[17] 刘波，李艳红，张小川，等. 锁相红外热成像技术在无损检测领域的应用 [J]. 无损探伤，2006，30（3）：12-15.

[18] BUSSE G, WU D, KARPEN W. Thermal wave imaging with phase sensitive modulated thermography [J]. Journal of Applied Physics, 1992, 71（8）: 3962-3965.

[19] WU D, BUSSE G, WU D, et al. Lock-in thermography for nondestructive evaluation of materials [J]. Revue Générale De Thermique, 1998, 37（8）: 693-703.

[20] BAUER J, BREITENSTEIN O, WAGNER J M. Lock-in thermography: a versatile tool for failure analysis of solar cells [J]. Electronic Device Failure Analysis, 2009, 11（3）: 6-12.

［21］ BREITENSTEIN O, RAKOTONIAINA J P, RIFAI M H A, et al. Shunt types in crystalline sili-con solar cells ［J］. Progress in Photovoltaics Research & Applications, 2004, 12 (7): 529-538.

［22］ BACHMANN J, BUERHOP-LUTZ C, DEIBEL C, et al. Organic solar cells characterized by dark lock-in thermography ［J］. Solar Energy Materials & Solar Cells, 2010, 94 (4): 642-647.

［23］ 赵延广. 基于锁相红外热像理论的无损检测及疲劳性能研究 ［D］. 大连：大连理工大学, 2012.

［24］ BREITENSTEIN O, RAKOTONIAINA J P, HEIDE A S H V D, et al. Series resistance imaging in solar cells by lock-in thermography ［J］. Progress in Photovoltaics: Research and Applica-tions, 2005, 13 (8): 645-660.

［25］ ISENBERG J, WARTA W. Realistic evaluation of power losses in solar cells by using thermo-graphic methods ［J］. Journal of Applied Physics, 2004, 95 (9): 5200-5209.

［26］ CARSTENSEN J, POPKIROV G, BAHR J, et al. CELLO: an advanced LBIC measurement technique for solar cell local characterization ［J］. Solar Energy Materials & Solar Cells, 2003, 76 (4): 599-611.

［27］ HEIDE A S H V D, BULTMAN J H, HOORNSTRA J, et al. Error diagnosis and optimisation of c-Si solar cell processing using contact resistances determined with the Corescanner ［J］. Solar Energy Materials & Solar Cells, 2002, 74 (1/2/3/4): 43-50.

［28］ BREITENSTEIN O. Illuminated versus dark lock-in thermography investigations of solar cells ［J］. International Journal of Nanoparticles, 2013, 6 (2/3): 81-92.

［29］ ZWESCHPER T, WU D, BUSSE G. Detection of tightness of mechanical joints using lock-in thermography ［J］. Proc. SPIE, 1999, 3827: 16-21.

［30］ MEOLA C, CARLOMAGNO G M, SQUILLACEACE A, et al. Non-destructive evaluation of aerospace materials with lock-in thermography ［J］. Engineering Failure Analysis, 2006, 13 (3): 380-388.

［31］ BAI W, WONG B S. Photothermal models for lock-in thermographic evaluation of plates with fi-nite thickness under convection conditions ［J］. Journal of applied physics, 2001, 89 (6): 3275-3282.

［32］ SWIDERSKI W. Lock-in thermography to rapid evaluation of destruction area in composite ma-terials used in military applications ［J］. Proc. SPIE, 2003, 5132: 506-517.

［33］ KRAPEZ J C, TAILLADE F, BALAGEAS D. Ultrasound-lock in-thermography NDE of com-posite plates with low power actuators. Experimental investigation of the influence of the Lamb wave frequency ［J］. Quantitative Infrared Thermography Journal, 2005, 2 (2): 191-206.

［34］ ARORA V, SIDDIQUI J A, MULAVEESALA R, et al. Pulse compression approach to nonsta-tionary infrared thermal wave imaging for nondestructive testing of carbon fiber reinforced poly-mers ［J］. IEEE Sensors Journal, 2014, 15 (2): 663-664.

［35］ FORSYTH D S, GENEST M, SHAVER J. Evaluation of nondestructive testing methods for the detection of fretting damage ［J］. International Journal of Fatigue, 2007, 29 (5): 810-821.

[36] CHOI M, KANG K, PARK J, et al. Quantiative determination of a subsurface defect of reference specimen by lock-in infrared thermography [J]. NDT&E International, 2008, 41 (2): 119-124.

[37] SCHMIDT C, ALTMANN F, BREITENSTEIN O. Application of lock-in thermography for failure analysis in integrated circuits using quantitative phase shift analysis [J]. Materials Science & Engineering B, 2012, 177 (15): 1261-1267.

[38] NAVARANJAN N, JONES R. Lock-in infrared themography for the evaluation of the structural performance of corrugated paperboard structures [J]. Composite Structures, 2010, 92 (10): 2525-2531.

[39] BREITENSTEIN O. Nondestructive local analysis of current-voltage characteristics of solar cells by lock-in thermography [J]. Solar Energy Materials & Solar Cells, 2011, 95 (10): 2933-2936.

[40] BREITENSTEIN O. Local efficiency analysis of solar cells based on lock-in thermography [J]. Solar Energy Materials & Solar Cells, 2012, 107 (8): 381-389.

[41] BESOLD S, HOYER U, BACHMANN J, et al. Quantitative imaging of shunts in organic photovoltaic modules using lock-in thermography [J]. Solar Energy Materials & Solar Cells, 2014, 124 (5): 133-137.

[42] LAFSSON G, TIGHE R C, BOYD S W, et al. Lock-in thermography using miniature infra-red cameras and integrated actuators for defect identification in composite materials [J]. Optics & Laser Technology, 2022, 147: 107629.

[43] 刘波, 李艳红, 张小川, 等. 锁相红外热成像技术在无损检测领域的应用 [J]. 无损探伤, 2006, 30 (3): 12-15.

[44] 霍雁, 赵跃进, 李艳红, 等. 脉冲和锁相红外热成像检测技术的对比性研究 [J]. 激光与红外, 2009, 39 (6): 602-604.

[45] 冯立春, 陶宁, 徐川. 锁相热像技术及其在无损检测中的应用 [J]. 红外与激光工程, 2010, 39 (6): 1120-1123.

[46] 赵延广, 郭杏林, 任明法. 基于锁相红外热成像理论的复合材料网格加筋结构的无损检测 [J]. 复合材料学报, 2011, 28 (1): 199-205.

[47] 陈林, 杨立, 范春利, 等. 红外锁相无损检测及其数值模拟 [J]. 红外技术, 2013, 35 (2): 119-122.

[48] 李永胜, 吴健, 王纬波, 等. 锁相红外热成像技术应用于复合材料连接接头全场应力测量研究 [J]. 船舶力学, 2015, 19 (9): 1097-1115.

[49] 谢飞, 林茂松, 朱玉玉. 锁相热成像无损检测系统激励源的设计 [J]. 制造业自动化, 2019, 41 (12): 4.

[50] 黎恩良, 阮泳嘉, 李洁森, 等. 锁相红外热成像与 FIB 在失效分析中的联用 [J]. 电子产品可靠性与环境试验, 2021, 39 (5): 5.

[51] ROBERTS T M, TALEBZADEH M. Acoustic emission monitoring of fatigue crack propagation [J]. Journal of Constructional Steel Research, 2003, 59 (6): 695-712.

[52] LI S L, ZHAN L G, GUO P, et al. Characteristic analysis of acoustic emission monitoring parameters for crack propagation in UHPC-NC composite beam under bending test [J]. Construc-

tion and Building Materials, 2021, 278: 122401.

［53］ ZHOU X H, SHAN W C, LIU J P, et al. Fracture characterization of composite slabs with different connections based on acoustic emission parameters ［J］. Structural Control and Health Monitoring, 2021, 28 (4): e2703.

［54］ TAN G J, ZHU Z Q, WANG W S, et al. Flexural ductility and crack-controlling capacity of polypropylene fiber reinforced ECC thin sheet with waste superfine river sand based on acoustic emission analysis ［J］. Construction and Building Materials, 2021, 277: 122321.

［55］ MING P, LU J, CAI X, et al. Experimental study on monitoring of dike piping process based on acoustic emission technology ［J］. Journal of Nondestructive Evaluation, 2021, 40 (1): 23.

［56］ KAISER. Recent progress in stimulated Raman scattering ［J］. IEEE Journal of Quantum Electronics, 1968, 4 (5): 381.

［57］ DUNEGAN H, GREEN A. Factors affecting acoustic emission response from materials ［J］. Materials Research and Standards, 1971, 11 (3): 21-24.

［58］ GREEN A. Characteristics of acoustic emission response from materials ［J］. Japan Acoustic Emission Symposium, 1992: 232-235.

［59］ DROULLIARD T F. A history of acoustic emission ［J］. Journal of Acoustic Emission, 1996, 14 (1): 1-34.

［60］ 耿荣生. 声发射技术发展现状——学会成立 20 周年回顾 ［J］. 无损检测, 1998, 20 (6): 151-154.

［61］ 沈功田, 戴光, 刘时风. 中国声发射检测技术进展——学会成立 25 周年纪念 ［J］. 无损检测, 2003, 25 (6): 302-307.

［62］ 王健, 高文斌. 二次曝光全息干涉计量技术研究应力场 ［J］. 杭州电子科技大学学报, 2006, 26 (4): 95-98.

［63］ 伍波, 陈怀新. 基于数字化二次曝光干涉的光学元件波前畸变测量 ［J］. 激光杂志, 2003, 24 (3): 54-55.

［64］ 赵贤森. 几种激光干涉测长方法比较 ［J］. 实用测试技术, 1997, 9 (5): 23-24.

［65］ 计欣华, 许方宇, 陈金龙, 等. 数字全息计量技术及其在微小位移测量中的应用 ［J］. 实验力学, 2004, 19 (4): 443-447.

［66］ 于美文, 张静方. 光全息术 ［M］. 北京: 教育出版社, 1995: 353-354.

［67］ 王观军. 着色渗透检测在喷焊件上的应用 ［J］. 无损探伤, 1996 (5): 40-41.

［68］ 彭建中. 着色渗透检测在电子束焊接件上的应用 ［J］. 无损探伤, 2004 (5): 39-40.

6 锁相无损检测技术在硅电池中的应用

在能源危机与温室效应日益严重的今天，太阳能电池作为一种绿色能源在生产和生活中得到了广泛的应用，在太阳能电池的生产工艺中，缺陷检测技术扮演着重要的角色，太阳能电池的无损检测技术拥有着十分重要的研究意义。

6.1 锁相红外热成像检测系统及参数设置

6.1.1 实验装置图

图6-1为自行设计的锁相红外热成像技术的实验装置图，装置主要分为热成像系统和锁相系统两部分，两部分系统都与计算机连接并由计算机同时控制。锁相设备与激励源连接，同时控制激励源发射出周期性信号对零件进行加热，热像仪进行同步记录。将待测太阳能电池用样品支架固定在水平桌面上，调节热像仪的镜头使待测太阳能电池能在热像仪上全部被成像，LED灯或者不同波长的红外灯与锁相器相连，并且对准待测样品，保证灯光能够均匀照射在样品表面，以防止局部温度过高影响测试的结果以及后续分析。热像仪与测试样品保持适当的距离，以样品恰好全部被成像为宜。将热像仪的镜头、太阳能电池样品、普通灯和不同波长红外灯放置在一个自行设计的暗箱内，避免外界的光、热对热像仪收集温度产生影响。

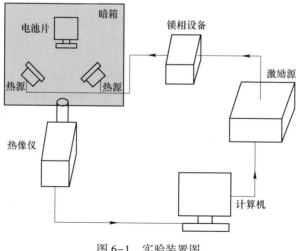

图 6-1　实验装置图

6.1.2 红外热像仪的工作原理

本书相关实验采用的是德国高端红外热像仪 ImageIR。热像仪的工作原理：红外线属于不可见光，波长在 0.78～1000μm，任何温度高于绝对零度（−273.15℃）的物体，都会发射红外辐射。红外热像仪主要依据的理论是斯忒藩−玻耳兹曼定律和热传导微分方程。根据此定律，如果物体的温度为 T，单位面积的辐射功率为

$$P = \varepsilon\sigma T^4 \tag{6-1}$$

式中，P 为单位面积辐射功率，W/m²；ε 为物体表面发射率；σ 为玻耳兹曼常数，其数值为 $5.673\times10^{-8}\mathrm{W}/(\mathrm{m}^2\cdot\mathrm{K}^4)$；$T$ 为物体表面温度，K；

热传导微分方程为

$$\frac{\partial T}{\partial t} = \frac{\lambda}{\rho C}\left(\frac{\partial^2 T}{\partial x^2} + \frac{\partial^2 T}{\partial y^2} + \frac{\partial^2 T}{\partial z^2}\right) \tag{6-2}$$

式中，λ 为导热系数，W/(m·K)；t 为时间，s 或 h；ρ 为密度，kg/m³；C 为比热容，J/(kg·K)。

热像仪能够采集被检测试件的表面温度，再由计算机处理得到相应的热像图，通过热像图分析缺陷区域的漏电流。

6.1.3 参数设置

6.1.3.1 热像仪的设定

本仪器配有计算机及控制热像仪的 IRBIS 软件。打开锁相红外热成像器材的开关，将计算机的 IRBIS 软件打开，连接热像仪，采用 25mm 的标准焦镜头，操作温度范围为−20～50℃，锁相频率可以在 0.001～500Hz 范围内任意设置，但数值过大不利于热像图相位差的对比，在此以锁相频率为 5Hz 为例。

6.1.3.2 直流稳压电源的设定

直流稳压电源与太阳能电池引出的电极相连，以实现外加偏压，调节直流稳压电源的旋钮，给太阳能电池样品加不同的正反偏压。先给太阳能电池样品加+0.5V 的正向偏压，再将稳压电源的两个接线柱反接，即给太阳能电池样品加−0.5V 的反向偏压，对比两个热像图，判断漏电流为线性漏电流或是非线性漏电流。旋动直流稳压电源的旋钮，增加偏压值。理论上，太阳能电池的并联电阻趋近于无穷大，在使用时为了使其输出功率达到最高，硅太阳能电池和薄膜太阳能电池 pn 结的反向击穿电压都很高。对于 p 型的硅太阳能电池，衬底上制备的杂质浓度为 $10^{16}\mathrm{cm}^{-3}$ 左右，其反向击穿电压约为 50V。但是在实际的生产制造过程中会受到不同种类的杂质和缺陷的影响，使并联电阻减小，击穿电压也随之减小，通常只有 8～12V[1]。由于薄膜电池的禁带宽度大于晶体硅太阳能电池，理

论上薄膜太阳能电池击穿电压要比晶硅太阳能电池高，但其击穿电压仍然低于理论值。

6.1.3.3 光源的设定

本书相关实验选用了两个 150 W 的 LED 灯与两个波长为 850nm 的红外灯光照射。把 LED 灯和 850nm 波长的红外灯分别与锁相器连接，以控制其发出周期性信号，热像仪收集其温度信号，分析缺陷的特征。

6.2 硅太阳能电池基本参数的检测

6.2.1 检测过程

本书相关实验采用北京赛凡光电仪器有限公司生产的 7-IV 太阳电池 IV 测试仪对硅太阳能电池的基本参数进行检测。检测原理：通过测试系统主机电容放电触发氙灯闪烁，被测组件经光照后产生光生电流效应，同时可变负载通过负载变化采集 3000~5000 点电压电流数据，并绘制 $I-U$ 曲线。并得出开路电压、短路电流、最大功率、最大功率点电压、最大功率点电流、填充因子、转换效率、串联电阻以及并联电阻的值，如图 6-2 所示。

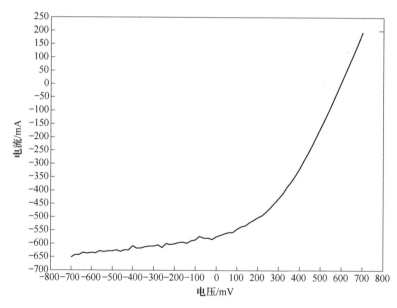

图 6-2 $I-U$ 特性曲线

6.2.2 检测结果

本书相关实验对 2 块单晶硅太阳能电池、2 块多晶硅太阳能电池和 1 块薄膜太阳能电池样品进行检测。通过对其光电效率的检测得到信息如表 6-1 所示。

表 6-1 太阳能电池样品的基本参数

参数	单晶硅太阳能电池 A	单晶硅太阳能电池 B	多晶硅太阳能电池 A	多晶硅太阳能电池 B	薄膜太阳能电池
开路电压 U/mV	596.39	626.09	594.70	499.03	1340.00
短路电流 I/mA	584.90	999.96	526.03	581.49	1040.00
最大功率 P/W	0.15	0.20	0.14	0.09	0.50
最大功率点电压 U_{pm}/mV	360.00	320.00	360.00	260.00	150.0000
最大功率点电流 I_{pm}/mA	404.47	637.93	377.12	342.61	330.00
填充因子 FF	0.42	0.33	0.43	0.31	0.36
转换效率 $\eta/\%$	9.10	12.76	8.49	5.57	6.95
串联电阻 R_s/Ω	0.50	0.43	0.53	0.64	0.60
并联电阻 R_{sh}/Ω	1.86	1.33	3.61	1.21	1.68

6.3 硅太阳能电池失效检测

6.3.1 Corescan 检测原理

本书相关实验采用荷兰 Corescan 电池片效能分析仪，对硅太阳能电池进行有损检测，此技术能够得到串联电阻与并联电阻的扫描图像，并且能够对太阳能电池的特性给予描述。这种方法依据的是机械探测在光照和短路条件下发射极的变化趋势，串联电阻大的地方有较大的变化趋势，这种技术在专利上和商业上都得到了广泛的认可。此法已经能够成功得到发射极串联电阻接触的图像，在 10~20min 的扫描时间内持续扫描 50000~1000000 点，具体要根据电池片大小的不同来决定扫描时间。Corescan 的扫描头由光源和金属探针构成。扫描过程中，将电池片短路连接，扫描头以固定的扫描间距和速度沿 x 轴移动，光源照射在电池片上产生光生电流，同时金属探针在电池片表面划动，测量光照位置的电压值，电压值表征电池片正面的串并联电阻的大小。这种方法的主要缺点是会损坏涂层和栅线。

6.3.2 扫描参数的设定

把电池片样品放置到 Corescan 机台上，电池片左下角的坐标是 $(x, y) = (0, 0)$。连接太阳能电池片的两个金属条（Pins）必须严密连接到电极（Bus

Bar）上。图 6-3 是扫描参数设定的界面，在 X、Y、D 处填入电池片的具体尺寸，X 代表电池片在 x 轴上的长度，Y 表示电池片在 y 轴上的长度，D 代表电池片的直径或者对角线。串联电阻扫描时，选择 Core Scan 项，电流密度（Current Density）是 30mA/cm²。扫描速度（Scan Speed）就是在测试中测试头探针的速度，选择 20mm/s。并联电阻扫描时，选择 Shunt Scan 项，需要改变偏置电压值，这是一个绝对值，正常值的范围是 100～500mV，一般情况下 300mV 就能达到电池片的最大功率，本书选用 300mV 的电压值。

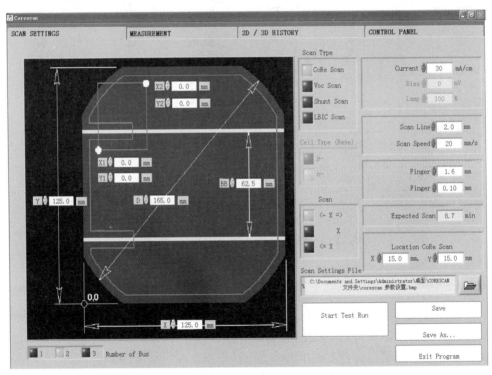

图 6-3 扫描参数设定

6.3.3 串并联电阻与漏电流的关系

太阳能电池的串联电阻（R_s）主要由以下几部分组成：金属和半导体的接触电阻、半导体的层电阻及正面输出到外部的导电电极电阻[2]。并联电阻（R_{sh}）的主要来源是太阳能电池所用的半导体材料及其组成结构，包括太阳能电池的 pn 结处、太阳能电池的边缘与表面缺陷、掺杂不纯物的浓度以及因材料的缺陷等造成的载流子复合或捕捉等。对太阳能电池而言，串联电阻对电性的影响可做如下分析[3-5]：假设并联电阻（R_{sh}）大到可以忽略，仅考虑串联电阻（R_s），如图 6-4 所示[6]，此时太阳能电池输出的电流（I）表示为

$$I = I_{ph} - I_0 \left\{ \exp\left[\frac{q(U + IR_s)}{nKT}\right] - 1 \right\} \tag{6-3}$$

式中，I_{ph} 为太阳光照射产生的电流；I_0 为反向饱和暗电流；U、I 为作用在负载上的电压和电流；n 为 pn 结的品质因子；K 为玻耳兹曼常数；T 为热力学温度。

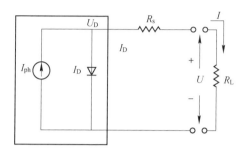

图 6-4 太阳能电池等效电路图（串联电阻）[1]

令 $U = 0$，短路电流 I_{sc} 为

$$I_{sc} = I_{ph} - I_D = I_{ph} - I_0 \left(\exp\frac{qR_sI}{KT} \right) - 1 \tag{6-4}$$

式中，I_D 为 pn 结太阳能电池的正向注入电流。

令 $I = 0$，开路电压（U_{oc}）为

$$U_{oc} = \frac{KT}{q}\ln\left(\frac{I_{ph}}{I_0} + 1\right) \tag{6-5}$$

由式（6-5）可知，开路电压与串联电阻无关，即在不考虑并联电阻时，串联电阻的大小对开路电压没有影响。但由式（6-4）得知，串联电阻会影响短路电流及填充因子的大小。当串联电阻增大时，短路电流会变小，而填充因子也将变小[7-9]。

对于并联电阻对电性的影响可分析如下[10]：假设串联电阻 R_s 小到可以忽略，仅考虑并联电阻，如图 6-5 所示，此时太阳能电池输出的电流 I 可以表示为

$$I = I_{ph} - I_0 \left[\exp\left(\frac{qU}{KT}\right) - 1 \right] - \frac{U}{R_{sh}} \tag{6-6}$$

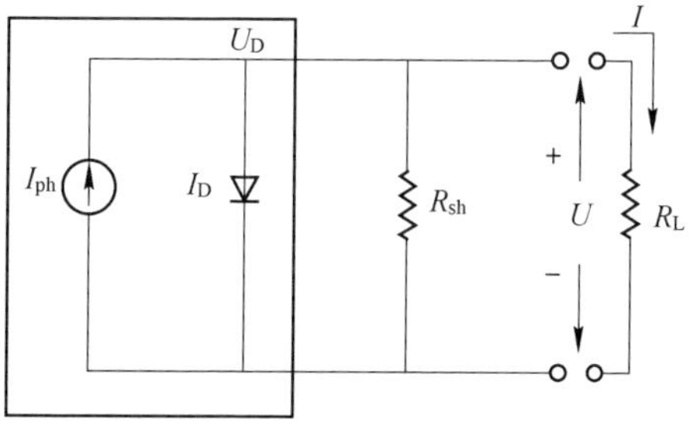

图 6-5 太阳能电池等效电路图（并联电阻）[1]

令 $U=0$，短路电流 I_{sc} 为

$$I_{sc} = I_{ph} \tag{6-7}$$

令 $I=0$，开路电压 U_{oc} 为

$$U_{oc} = \frac{KT}{q}\ln\left(\frac{I_{ph}}{I_0} - \frac{U_{oc}}{I_0 R_{sh}} + 1\right) \tag{6-8}$$

在式（6-7）中，短路电流与并联电阻无关，即在不考虑串联电阻时，并联电阻的大小对短路电流没有影响。但由式（6-8）得知，并联电阻会影响开路电压及填充因子的大小。当并联电阻减小时，开路电压和填充因子都将变小[11-12]。

6.4 锁相红外热成像技术对单晶硅电池的检测

6.4.1 锁相红外热成像技术对单晶硅电池 A 的检测

6.4.1.1 暗电流锁相红外技术对单晶硅电池 A 的检测

把待测单晶硅太阳能电池样品 A（尺寸为 125mm×125mm）用样品支架固定在水平桌面上，保证太阳能电池有栅线的一面对准热像仪的镜头，并使热像仪收集到整个太阳能电池的温度，同时保证暗箱的密闭性。具体对太阳能电池样品 A 施加的条件及产生的效果如下：将单晶硅太阳能电池样品 A 引出两个电极，用直流稳压电源对太阳能电池加正反偏压。首先给太阳能电池样品 A 加+0.5V 的正向偏压，红外热像仪记录的图像通过计算机软件上调色板调节后，观察到右上角出现偏亮的区域，如图 6-6（a）所示。将电池样品的电极与直流稳压电源反接，即对太阳能电池加-0.5V 的反向偏压，热像仪收集到的热像图没有明显的偏亮区域，如图 6-6（b）所示。对比分析图 6-6（a）与（b）两热像图可知，图 6-6（a）出现的亮点并没有在图 6-6（b）中出现，因此此处的漏电流是非线性漏电流。

增加反向偏压，使其大于 0.5V 的反向偏压，这时扩散电流成为太阳能电池内的主要电流。旋动直流稳压电源的旋钮，将反向偏压增加至-4V，观测到图像上出现模糊的亮区域，如图 6-6（c）所示。为使观察到的亮区域更加明显，继续增加反向偏压至此单晶硅太阳能电池样品能够承受的最大电压，通过多次旋动直流稳压电源的旋钮，发现此电池样品所能加到的最大反向偏压为-8V，观察到热像图 6-6（c）的模糊区域变得清晰，并且除了此点以外，热像图上出现了多处亮区域，如图 6-6（d）所示。由于此处的载流子寿命减少，所以导致太阳能电池的热量增加，显现出亮区域，这些亮区域主要分布在主电极两旁与细栅线上，此处即为漏电流。主电极周围出现漏电区域，是由于扩散层不理想，造成电极沿着扩散层中的裂缝或者缺失处流入基层，引起漏电。细栅线上出现漏电区域，是由于扩散层不理想导致前电极与基区接触形成肖特基（Schottky）二极管产生漏电流。

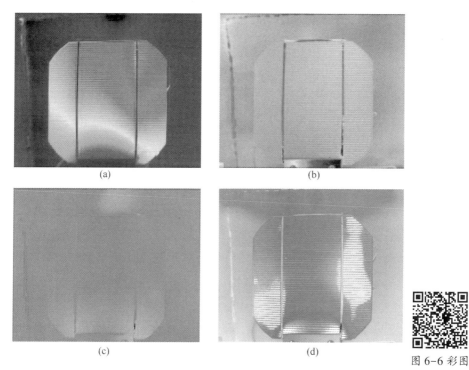

图 6-6 彩图

图 6-6 暗电流锁相红外热成像技术对单晶硅电池 A 的检测

（a）加+0.5V 的正向偏压；（b）加-0.5V 的反向偏压；（c）加-4V 的反向偏压；（d）加-8V 的反向偏压

6.4.1.2 LED 光锁相红外热成像技术对单晶硅电池 A 的检测

对同样一块单晶硅太阳能电池样品 A 进行检测，将两个 150 W 的 LED 灯的电源与锁相器连接，以便于控制 LED 灯发出周期性信号，注意使灯光均匀地照射在电池样品表面。具体的施加条件及产生效果如下：首先用直流稳压电源给电池样品 A 加+0.5V 的正向偏压，箭头所指处的主电极旁出现一处亮点，如图 6-7（a）所示。将电源反接，即对样品加-0.5V 的反向偏压，观察到亮点没有出现，如图 6-7（b）所示。图 6-7（a）（b）两图对比，说明此处的漏电流为非线性漏电流，与 6.4.1.1 节的结论一致。

给电池样品继续加反向偏压，为了方便对比，施加的反向偏压与 6.4.1.1 节检测的条件一致。旋动直流稳压电源的旋钮，增加反向偏压至-4V，观察到热像图上新增了几处亮斑，与图 6-6（c）相比，箭头所指处多了几处亮斑，如图 6-7（c）所示。因此可以说明：对样品加光照能够显示出更多的漏电流区域。继续增加反向偏压至-8V，热像图上出现了很大面积的亮区域，如图 6-7（d）所示。此现象说明：由于光照不均匀引起的局部温度过高，导致太阳能电池的温度过高，热像仪收集到的热像图偏亮，因此在检测过程中应该注意对太阳能电池的定

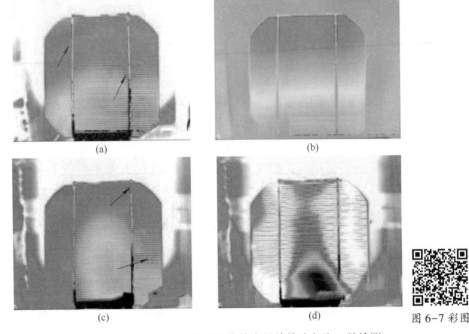

图 6-7 LED 光锁相红外热成像技术对单晶硅电池 A 的检测

（a）加+0.5V 的正向偏压；（b）加-0.5V 的反向偏压；（c）加-4V 的反向偏压；（d）加-8V 的反向偏压

图 6-7 彩图

时冷却，以免由于温度过高覆盖了缺陷点。要注意如果反向偏压过大，超过-50V 会使 pn 结击穿，可能会熔化电极。

6.4.1.3 Infrared 光锁相红外热成像技术对单晶硅电池 A 的检测

对同一块单晶硅太阳能电池样品 A 进行检测，将两个 LED 光源换成两个 850nm 的红外灯光源，使光均匀照射在电池样品表面，将红外灯光源与锁相器连接，以便控制红外光源发出周期性信号。对太阳能电池施加的条件及产生的效果如下：首先给太阳能电池样品 A 加+0.5V 的正向偏压，没有出现亮斑，如图 6-8（a）所示。将电源反接，即给电池样品 A 加-0.5V 的反向偏压，仍然没有观察到亮区域，如图 6-8（b）所示。

继续增加反向偏压，与 6.4.1.1 节施加条件相同，旋动直流稳压电源的旋钮，增加反向偏压至-4V，热像图上出现了不均匀的颜色分布，箭头所指处出现亮点，如图 6-8（c）所示。为了使漏电区域显示的更加明显，继续增加反向偏压至-8V，热像图上箭头所指处出现了很明显的亮区域，如 6-8（d）所示。边缘新增了明显的亮区域，与 LED 灯光照射检测到的热像图相比，用红外灯光照射能够检测到新的漏电区域。这些边缘出现的漏电点，是由于边结没有去除干净，多为线性漏电流。

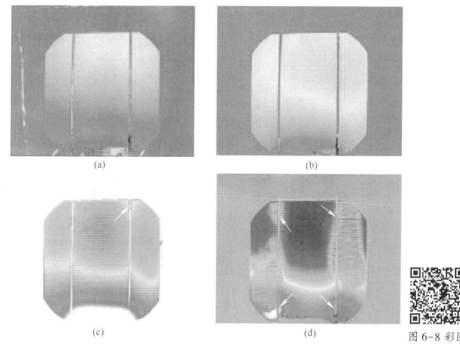

(a)　(b)　(c)　(d)　图 6-8 彩图

图 6-8　Infrared 光锁相红外热成像技术对单晶硅电池 A 的检测

（a）加+0.5V 的正向偏压；（b）加-0.5V 的反向偏压；（c）加-4V 的反向偏压；（d）加-8V 的反向偏压

6.4.2　锁相红外热成像技术对单晶硅电池 B 的检测

6.4.2.1　暗电流锁相红外热成像技术对单晶硅电池 B 的检测

为了对比种类相同但效率不同的单晶硅太阳能电池样品的检测结果，选择另一块单晶硅太阳能电池 B 进行检测。把待测电池样品 B（尺寸为 156mm×156mm）固定在水平桌面的样品支架上，确保热像仪镜头能够收集到整个电池样品的温度，同时要注意暗箱的密闭性。具体对电池样品 B 施加的条件及产生的结果如下：将直流稳压电源与电池样品 B 引出的两个电极相连接，对其加正反偏压。首先给电池样品加+0.5V 的正向偏压，观察红外热像仪收集到的热像图，没有明显的偏亮区域，如图 6-9（a）所示。将电池样品的电极与直流稳压电源反接，即对其加-0.5V 的反向偏压，热像仪收集到的热像图仍没有明显的偏亮区域，整个电池片颜色分布比较均匀，如图 6-9（b）所示。

为了具体显现出缺陷区域，继续增加反向偏压，使其大于 0.5V 的反向偏压，扩散电流成为太阳能电池内的主要电流，旋动直流稳压电源的旋钮，将反向偏压增加至-8V，观测到热像图上出现了模糊的亮区，并且颜色分布不均匀，如图 6-9（c）所示。为使观察到的亮区域更加明显，继续增加反向偏压至此电池样

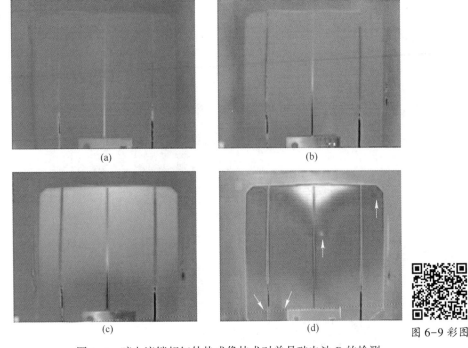

图 6-9 彩图

图 6-9 暗电流锁相红外热成像技术对单晶硅电池 B 的检测

(a) 加+0.5V 的正向偏压；(b) 加-0.5V 的反向偏压；(c) 加-8V 的反向偏压；(d) 加-27V 的反向偏压

品能够承受的最大电压，即此电池所能加到的最大反向偏压为-27V，观察到图
6-9 (c) 的模糊区域变得清晰，并且观察到热像图上箭头所指处出现了多处亮
区域，如图 6-9 (d) 所示。由于此处的载流子寿命减少，所以太阳能电池的热
量增加，显现出亮区域。这些亮区域主要分布在主电极两旁与细栅线上，此处即
为漏电流。通过缺陷的具体定位分析，主电极周围出现漏电区域，是由于扩散层
不理想，造成电极沿扩散层裂缝或者缺失处流到了基层，引起了漏电现象。细栅
线上出现漏电区域，是由于扩散层制作的不理想导致前电极与基区接触形成
Schottky 二极管产生漏电流现象。

6.4.2.2　LED 光锁相红外热成像技术对单晶硅电池 B 的检测

对同一块单晶硅太阳能电池样品 B 进行检测，将两个 150W 的 LED 灯的电源
与锁相器连接，使其发出周期性信号。首先用直流稳压电源给电池样品 B 加
+0.5V的正向偏压，箭头所指处出现了多处亮点，多出现在细栅线处，如图 6-10
(a) 所示。将电源与电极反接，即对样品加-0.5V 的反向偏压，观察到亮点仍
然存在，并且与图 6-10 (a) 箭头所指处的亮点一一对应，如图 6-10 (b) 所
示。通过对比，说明此处的漏电流为线性漏电流。

增加反向偏压，为了方便对比，给电池样品施加的条件与 6.4.2.1 节相同。

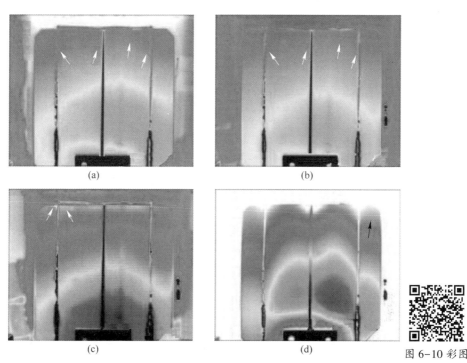

(a)　　　　　　　　　　　　(b)

(c)　　　　　　　　　　　　(d)

图 6-10 彩图

图 6-10　LED 光锁相红外热成像技术对单晶硅电池 B 的检测

(a) 加+0.5V 的正向偏压；(b) 加-0.5V 的反向偏压；(c) 加-8V 的反向偏压；(d) 加-27V 的反向偏压

旋动直流稳压电源的旋钮，增加反向偏压至-8V，观察到热像图的边沿处新增了几处亮斑，与图 6-9 (c) 相比，箭头所指即为多的几处亮斑，如图 6-10 (c) 所示。因此可以说明，对样品加光照能够显示出更多的漏电流区域。并且，漏电流主要分布在边沿区域，边沿出现漏电点，是边结没有去除干净引起的，多为线性漏电流。继续旋动直流稳压电源的旋钮，增加反向偏压至-27V，热像图上出现了很大面积的亮区域，如图 6-10 (d) 所示。此现象说明，由光照不均匀引起的局部温度过高，导致太阳能电池局部出现很亮的区域，把附近的漏电流点覆盖了，热像仪没有收集到具体漏电点的位置信息。因此在检测过程中应该注意对太阳能电池的定时冷却，以免由于温度过高覆盖了缺陷点。

6.4.2.3　Infrared 光锁相红外热成像技术对单晶硅电池 B 的检测

对同一块单晶硅太阳能电池样品 B 进行检测，将 LED 光源换成 850nm 的红外灯光源，具体施加的条件及结果如下：首先给电池样品 B 加+0.5V 的正向偏压，热像图上没有出现亮斑，并且颜色分布均匀，没有出现偏亮的区域，如图 6-11 (a) 所示。将电源反接，即对样品 B 加-0.5V 的反向偏压，观察发现热像图上仍然没有出现亮点，但是整体的颜色偏亮，如图 6-11 (b) 所示。说明持续的光照使得电池样品温度增加，导致整个电池样品偏亮。

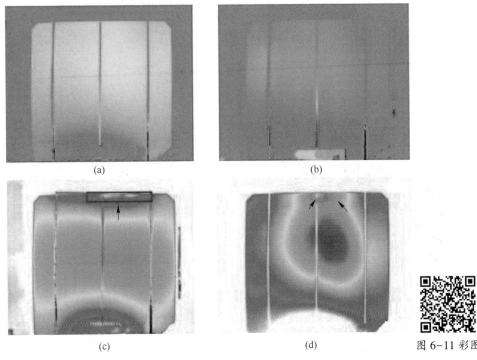

(a)　　　　　　　　　　　　　　　(b)

(c)　　　　　　　　　　　　　　　(d)　　　　　图 6-11 彩图

图 6-11　Infrared 光锁相红外热成像技术对单晶硅电池 B 的检测

（a）加+0.5V 的正向偏压；（b）加-0.5V 的反向偏压；（c）加-8V 的反向偏压；（d）加-27V 的反向偏压

　　增加反向偏压，与 6.4.2.1 节施加的条件相同，旋动直流稳压电源的旋钮，增加反向偏压至-8V，热像图上出现了不均匀的颜色分布，并且箭头所指处出现了亮区域，如图 6-11（c）所示。亮点出现在边缘处，是由于边结没有去除干净。继续增加反向偏压至-27V，热像图上箭头所指处出现了新的亮区域，如图 6-11（d）所示。主电极上出现了明显的亮区域，主电极周围出现漏电区域，主要是由扩散层不理想引起的漏电。与 6.4.2.2 节 LED 灯光照射检测到的热像图相比，用红外灯光照射能够检测到新的漏电区域。

6.4.3　用 Corescan 技术检测单晶硅太阳能电池

　　为了验证锁相红外热成像检测技术，用 Corescan 测试仪对单晶硅太阳能电池进行检测，以单晶硅太阳能电池 A 为例，检测结果如下：

　　图 6-12（a）是对单晶硅电池 A 串联电阻的测试图，检测图像显示颜色分布不均匀，箭头所指处的颜色偏红，此区域代表串联电阻偏大，漏电流偏大，也就是缺陷区域。图 6-12（b）是对单晶硅太阳能电池 A 并联电阻的测试图，检测图像显示，箭头所指处的主栅线、细栅线处出现多处颜色偏暗的区域，此处的并联

电阻偏小，漏电流偏大，也就是缺陷点恰好与用锁相红外热成像法检测到的漏电流的点相吻合，因此证明了锁相红外热成像检测技术检测漏电流的有效性与可靠性。但此检测方法的不足之处在于此法属于有损检测，检测时对太阳能电池具有一定的破坏性，因此无法对同一块样品进行重复检测。

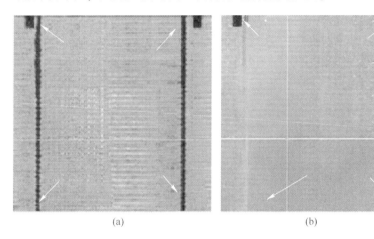

图 6-12 彩图

(a)　　　　　　　　　　　　　(b)

图 6-12　用 Corescan 方法检测单晶硅太阳能电池

（a）串联电阻；（b）并联电阻

此外，使用 Corescan 测试仪还能对太阳能电池的开路电压进行扫描（U_{oc} Scan），即当电池片处于断路状态下，在一光束比较集中的探针扫描电池片的表面，没有前端的渡金属（Metallisation）。但由于电池片样品经过串联电阻及并联电阻的扫描后，电池样品表面受到严重损坏，致使 U_{oc} 降低。到目前为止，U_{oc} 扫描只能作为一个定性的工具。另一种扫描方法为光束诱导电流扫描（LBIC Scan），即在电池片样品上进行的线光束扫描。通常 LBIC 是在一个较小的光束下（小到 0.1mm）得到一个较高的分辨率。Corescan 检测中的 LBIC 检测是一个较低的检测 LBIC 的方案，当光束直径固定在 9mm，通过此扫描还能够粗略得到电池片的好坏。

6.4.4　单晶硅太阳能电池的温度-时间图像分析

以单晶硅太阳能电池样品 A 为例，探究太阳能电池温度随着时间的变化情况，即温度-时间图像。为了使缺陷状态显现得更明显，选用所加偏压最高的热像图（即加-8V 偏压），在暗电流锁相技术、LED 光锁相技术以及 Infrared 光锁相技术检测下的温度-时间图像，如图 6-13 所示，图中横坐标代表检测时间，纵坐标代表电池样品的温度。坐标图中共有 3 条曲线：上曲线表示高温曲线，下曲线表示低温曲线，中间的曲线表示平均温度的变化曲线。图 6-13（a）为暗电流锁相技术检测电池样品得到的温度-时间曲线，高温曲线在48℃处上下浮动，低温曲线在43℃处上下浮动，由于缺陷处能够聚集大量的热，所以高温曲线有明显浮动，代表样品此处存在缺陷区域。图6-13（b）为LED光锁相技术检测样品的温度-时间曲线，高温曲线在56℃处上下浮动，低温曲线在30~40℃区间上下浮动，对比图6-13（a）和（b）能够发现，温度曲线对应的温度坐标明显上升。由此可知，加LED灯光照明显增加了电池表面的温度。从起伏情况也可以观察到，加LED灯光照能够更明显地显示缺陷。图6-13（c）为红外灯光锁相技术检测电池样品的温度-时间图像，高温曲线在50℃处上下浮动，低温曲线在40℃处上下浮动，高温曲线有一处温度突然凸起的位置，说明此处的缺陷点很明显，与图6-13（a）和（b）相比，红外灯光锁相技术检测到的缺陷点更容易显现出来。此外，图像中高温与低温曲线有一定的温度差，图6-13（a）的温度差为5℃，图6-13（b）的温度差为20℃，图6-13（c）的温度差为10℃，高温与低温曲线的温度差也代表了缺陷点与非缺陷点的温度差，温度差越大，缺陷处与非缺陷处的差异也越明显，缺陷点更容易被热像仪捕捉到。

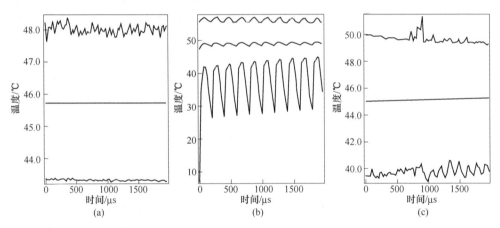

图6-13 单晶硅太阳能电池样品A的温度-时间图像

（a）暗电流锁相技术；（b）LED光锁相技术；（c）Infrared光锁相技术

6.4.5 单晶硅太阳能电池缺陷的计算

为了得到缺陷的具体深度与尺寸，必须计算缺陷点的振幅与相位值。为了获取温度调制的振幅和相位，必须分析每个像素处的温度-时间图像。用红外热像仪检测试件表面辐射的变化，在同一周期内，选取等时间点的四组温度数据来计算缺陷的振幅 A 和相位 ϕ 。

$$A = \sqrt{\left[S_3(x_1) - S_1(x_1) \right]^2 + \left[S_4(x_1) - S_2(x_1) \right]^2} \qquad (6\text{-}9)$$

$$\phi = \arctan \frac{S_3(x_1) - S_1(x_1)}{S_4(x_1) - S_2(x_1)} \tag{6-10}$$

式中，x_1 为图像中某一像素点。

再用有裂纹处的相位减去无裂纹处的相位得出相位差，即

$$\Delta\phi = \phi_d - \phi_n \tag{6-11}$$

式中，ϕ_d 代表有裂纹处的相位；ϕ_n 代表无裂纹处的相位。

以单晶硅太阳能电池样品 B 为例，选取锁相频率 $f_L = 5\text{Hz}$ 时，检测到的热像图为最佳状态，此时的锁相频率即为调制频率[13]，$f_m = 5\text{Hz}$，调制周期为

$$T_m = \frac{1}{f_m} = \frac{1}{5} = 200\text{ms}$$

在热像图上选取一亮点 R_1 为缺陷点，如图 6-14（a）所示。导出相应的温度-时间数据，在同一像素点处选择同一周期的 4 个温度-时间数据，如表 6-2 所示。

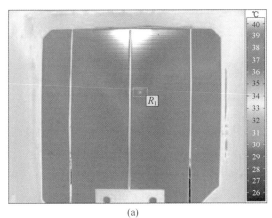

(a)

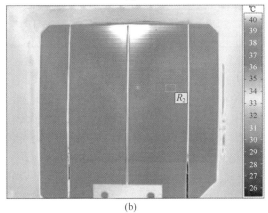

(b)

图 6-14 彩图

图 6-14 单晶硅太阳能电池 B 热像图

（a）缺陷点 R_1；（b）正常点 R_2

表 6-2 缺陷点温度-时间数据

周期/ms	50	100	150	200
温度/℃	34.00	34.10	34.21	34.05

由式 (6-9)，有

$$A = \sqrt{[S_3(x_1) - S_1(x_1)]^2 + [S_4(x_1) - S_2(x_1)]^2}$$
$$= \sqrt{(34.21 - 34.00)^2 + (34.05 - 34.14)^2}$$
$$= 0.2285mm$$
$$= 228.5\mu m$$

即此缺陷的振幅为 228.5μm，缺陷点在距离表面 228.5μm 位置，由此可说明此方法能够检测到表面以下深度的缺陷信息。

由式 (6-10)，有

$$\phi = \arctan \frac{S_3(x_1) - S_1(x_1)}{S_4(x_1) - S_2(x_1)}$$
$$= \arctan \frac{34.21 - 34.00}{34.05 - 34.14}$$
$$= \arctan(-2.33)$$
$$= -65.85°$$

即缺陷点的相位为-65.85°。

选取另一处无缺陷点的位置 R_2，如图 6-14（b）所示，导出相应的温度-时间数据，在同一像素点处选择同一周期的 4 个温度-时间数据，如表 6-3 所示。

表 6-3 无缺陷点温度-时间数据

周期/ms	50	100	150	200
温度/℃	33.42	34.25	34.32	33.99

由式 (6-10)，有

$$\phi = \arctan \frac{S_3(x_1) - S_1(x_1)}{S_4(x_1) - S_2(x_1)}$$
$$= \arctan \frac{34.32 - 33.42}{33.99 34.25}$$
$$= \arctan(-3.46)$$
$$= -73.88°$$

即无缺陷处的相位为-73.88°。

由式 (6-11)，有

$$\Delta\phi = \phi_d - \phi$$
$$= -65.85° - (-73.88°)$$
$$= 8.03°$$

即相位差为 8.03°。

6.5 锁相红外热成像技术对多晶硅电池的检测

6.5.1 锁相红外热成像技术对多晶硅电池 A 的检测

6.5.1.1 暗电流锁相红外热成像技术对多晶硅电池 A 的检测

选用了两块种类相同但效率不同的多晶硅太阳能电池进行检测。把待测多晶硅太阳能电池样品 A（尺寸为 156mm×78mm）用样品支架固定在水平桌面上，保证热像仪能够收集到整个多晶硅太阳能电池样品表面的温度，具体施加的条件及产生的效果如下：将多晶硅太阳能电池引出两个电极，用直流稳压电源对多晶硅太阳能电池样品加正向与反向偏压。首先给太阳能电池样品加+0.5V 的正向偏压，观察红外热像仪收集到的热像图，上数第一条栅线的周围出现偏亮的区域，整个电池片的颜色分布不均匀，如图 6-15（a）所示。将多晶硅电池样品的电极

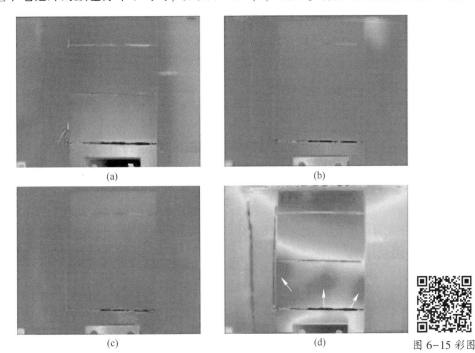

图 6-15 彩图

图 6-15 暗电流锁相红外热成像技术对多晶硅电池 A 的检测

（a）加+0.5V 的正向偏压；（b）加-0.5V 的反向偏压；（c）加-8V 的反向偏压；（d）加-13V 的反向偏压

与直流稳压电源反接，即对此样品加-0.5V的反向偏压，热像仪收集到的图像没有明显的缺陷点，整片电池的颜色分布仍然不均匀，如图6-15（b）所示。对比图6-15（a）和（b）可知，由于没有明显的漏电区域，因此很难由漏电流的具体位置判断其为线性或是非线性漏电流。

为了使漏点区域显示得更加明显，更加容易被肉眼捕捉到，增加反向激励电压，使其大于0.5V，这时扩散电流在太阳能电池内占主导地位，旋动直流稳压电源的旋钮，增加反向偏压至-8V，图像上出现了模糊的亮区域，但仍然没有发现具体的点，如图6-15（c）所示。继续增加反向偏压至此多晶硅太阳能电池样品能够承受的最大电压，通过多次旋动直流稳压电源的旋钮，发现此电池所能加到的最大反向偏压为-13V，热像图上出现了几处亮点，箭头所指处的亮区域主要分布在细栅线上，如图6-15（d）所示，此处即为漏电流。细栅线的周围出现漏电区域，说明扩散层制作的不理想导致前电极与基区直接接触形成Schottky二极管造成了漏电现象。

6.5.1.2 LED光锁相红外热成像技术对多晶硅电池A的检测

对同一块多晶硅太阳能电池样品A进行检测，将两个150W的LED灯的电源与锁相器连接，以便于控制其发出周期性信号，将直流稳压电源与多晶硅太阳能电池样品引出的电极连接，具体的施加条件及产生的效果如下：给样品加+0.5V的正向偏压，箭头所指处的第一条主栅线上方出现了多处亮斑，如图6-16（a）所示。再对样品加-0.5V的反向偏压，观察到箭头所指处的亮斑仍然存在，如图6-16（b）所示。通过两热像图的对比可知，此处的漏电流为线性漏电流。漏电流主要出现在细栅线处，是由于扩散层不理想导致形成Schottky二极管而产生漏电流。对比6.5.1.1节DLIT法检测多晶硅太阳能电池，增加光照能够发现新的漏电流点。

旋动直流稳压电源的旋钮，为了有效对比DLIT与LED灯照射下的检测结果，对样品施加的条件与6.5.1.1节相同，增加反向偏压至-8V，热像图上无明显变化，颜色分布几乎与加0.5V正反偏压检测到的热像图相同，如图6-16（c）所示。继续增加反向偏压至-13V，热像图上出现了面积很大的亮区域，如图6-16（d）箭头所指的白框区域所示。此现象说明，光照不均匀引起电池片局部温度过高，导致温度聚集。

6.5.1.3 Infrared光锁相红外热成像技术对多晶硅电池A的检测

对同一块多晶硅太阳能电池样品A进行检测，将两个LED光源换成两个850nm的红外灯光源，其他准备条件均相同，具体的施加条件及产生的效果如下：对多晶硅电池样品A加+0.5V的正向偏压，图像上没有明显的亮区域，颜色分布均匀，细栅线模糊不清，如图6-17（a）所示。将电源反接，即对其加-0.5V的反向偏压，图像上仍然没有明显的亮区域，由于光照导致电池样品温度

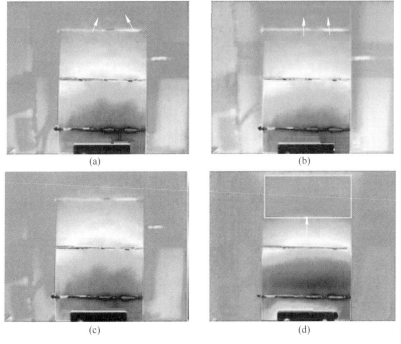

图 6-16 彩图

图 6-16 LED 光锁相红外热成像技术对多晶硅电池 A 的检测

(a) 加+0.5V 的正向偏压；(b) 加-0.5V 的反向偏压；(c) 加-8V 的反向偏压；(d) 加-13V 的反向偏压

升高，整体颜色偏亮，如图 6-17（b）所示。观察对比图 6-17（a）和（b）两热像图可知，图像的信噪比很低，有很大的噪声信号。

为了检测到的效果更加明显，去除噪声信号的影响，旋动直流稳压电源的旋钮，增加电压激励，施加的条件仍然与 6.5.1.1 节相同。增加反向偏压至-8V，电池的左侧边缘出现亮区域，如图 6-17（c）所示。继续增加反向偏压至-13V，热像图上第一条主栅线（按从上至下顺序）的上方出现了很明显的亮区域，并且信噪比增强，细栅线能够清晰地呈现，如图 6-17（d）所示。可知，增加光照能够使热像图的信噪比增强，使缺陷区域显示的更加明显。

6.5.2 锁相红外热成像技术对多晶硅电池 B 的检测

为了对锁相热成像技术检测太阳能电池缺陷的可靠性进行验证，对多晶硅太阳能电池样品 B 进行了人为的破坏，检验锁相热成像检测技术能否检测到此破坏点。在多晶硅太阳能电池样品 B 的表面划了两道交叉的划痕和一个直径为 2mm 的圆点，将此电池样品 B 放在支架上，检测其热像图。

6.5.2.1 暗电流锁相红外热成像技术对多晶硅电池 B 的检测

把人为破坏的多晶硅太阳能电池样品 B（尺寸为 178mm×40mm）用样品支架

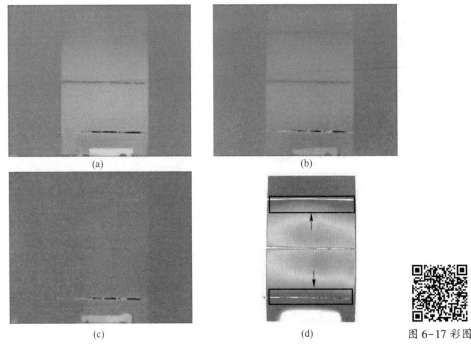

(a) (b)

(c) (d) 图 6-17 彩图

图 6-17　Infrared 光锁相红外热成像技术对多晶硅电池 A 的检测
(a) 加+0.5V 的正向偏压；(b) 加-0.5V 的反向偏压；(c) 加-8V 的反向偏压；(d) 加-13V 的反向偏压

固定在水平桌面上，保证太阳能电池有栅线的一面对准热像仪的镜头，并使热像仪镜头收集到整个太阳能电池的温度，具体对太阳能电池样品 B 施加的条件及产生的效果如下：将太阳能电池样品 B 引出两个电极，用直流稳压电源对其加偏压。首先给样品 B 加+0.5V 的正向偏压，红外热像仪记录的图像通过计算机软件上调色板调节后，可观察到被破坏区域，见图 6-18 (a) 箭头所指处。将电源反接，即对太阳能电池样品加-0.5V 的反向偏压，破坏点呈现得不清晰，但此区域偏亮，见图 6-18 (b) 箭头所指处。

　　为了使热像图上人为破坏的区域呈现得更加明显，旋动直流稳压电源的旋钮，增加反向偏压激励，使外加反向偏压大于 0.5V，扩散电流成为主要电流。增加反向偏压至-8V，破坏点仍然模糊成像，见图 6-18 (c) 箭头所指处。为了使模糊点变得清晰，继续增加反向偏压至此电池样品能够承受的最大电压，通过多次旋动直流稳压电源的旋钮，发现此电池所能加到的最大反向偏压为-16V，破坏区域清晰地呈现，并且热像图上还出现了新的漏电区域，见图 6-18 (d) 箭头所指处。

6.5.2.2　LED 光锁相红外热成像技术对多晶硅电池 B 的检测

　　在 LED 灯光照射下检测同一块多晶硅太阳能电池样品 B，将两个 150W 的 LED

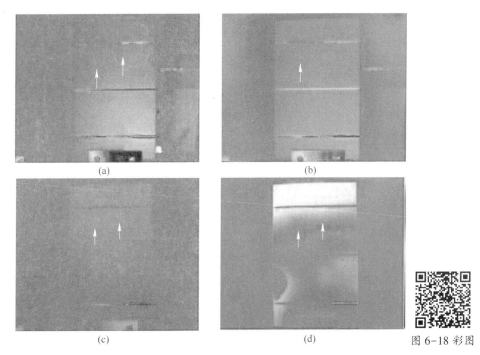

(a)　　　　　　　　　　　　　　　(b)

(c)　　　　　　　　　　　　　　　(d)　　　　　　图6-18 彩图

图 6-18　暗电流锁相红外热成像技术对多晶硅电池 B 的检测

（a）加+0.5V 的正向偏压；（b）加-0.5V 的反向偏压；（c）加-8V 的反向偏压；（d）加-16V 的反向偏压

灯的电源与锁相器连接，以便于控制光源发出周期性信号，并且使光均匀照射在样品表面，避免照射不均匀导致局部温度过高影响检测结果与分析。将直流稳压电源与多晶硅太阳能电池样品 B 连接。对多晶硅太阳能电池施加的条件及产生的效果如下：首先对其加+0.5V 的正向偏压，可以观察到被破坏区域（箭头所指处），如图 6-19（a）所示。其次将电源两极反接，即对其加-0.5V 的反向偏压，箭头所指处的破坏区域仍能够被观察到，如图 6-19（b）所示。

　　增加反向偏压，为了方便对比，施加的条件与 6.5.2.1 节相同，旋动直流稳压电源的旋钮，增加反向偏压至-8V，仍然可以观察到箭头所指处的破坏区域，如图 6-19（c）所示。继续增加反向偏压至-16V，箭头所指处的破坏点仍清晰可见，如图 6-19（d）所示。与 6.5.2.1 节 DLIT 方法检测的 4 个热像图相比，破坏点显示得更加清晰。

　　6.5.2.3　Infrared 光锁相红外热成像技术对多晶硅电池 B 的检测

　　对同一块人为破坏的多晶硅太阳能电池样品 B 进行检测，将两个 LED 光源换成两个 850nm 的红外灯光源，将红外灯光源与锁相器连接，以便控制光源发出周期性信号。对多晶硅太阳能电池施加的条件及产生的效果如下：首先对其加

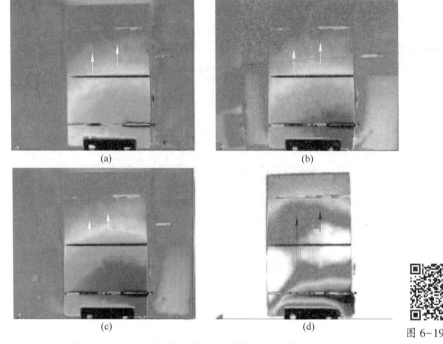

图 6-19 彩图

图 6-19   LED 光锁相红外热成像技术对多晶硅电池 B 的检测

（a）加+0.5V 的正向偏压；（b）加-0.5V 的反向偏压；（c）加-8V 的反向偏压；（d）加-16V 的反向偏压

+0.5V 的正向偏压，由于信噪比比较低，破坏区域模糊，见图 6-20（a）箭头所指处。将电源两极反接，即对其加-0.5V 的反向偏压，破坏点处偏亮，模糊可见，见图 6-20（b）箭头所指处。

　　旋动直流稳压电源的旋钮，施加的条件与 6.1.2.1 节相同，增加反向偏压至-8V，破坏点清晰可见，见图 6-20（c）箭头所指处。继续增加反向偏压至-16V 时，由于温度过高导致破坏点处偏亮，破坏区域被较高的温度所覆盖，但其他区域仍然检测出了漏电流点，见图 6-20（d）箭头所指处。

6.5.3   用 Corescan 方法检测多晶硅太阳能电池

　　用 Corescan 测试仪对多晶硅太阳能电池片进行有损检测，如图 6-21 所示，其中，图 6-21（a）与（b）为 Corescan 对多晶硅太阳能电池 A 的检测图像，图 6-21（c）与（d）为 Corescan 对多晶硅太阳能电池 B 的检测图像。图 6-21（a）箭头所指的白框区域内的亮区域表示串联电阻偏大，漏电流偏大。因此，颜色偏亮的主栅线周围恰好与锁相热成像法检测的热像图一致。图 6-21（b）箭头所指的白框区域内的暗区域表示并联电阻偏小，漏电流偏大。因此，此图的暗区域恰

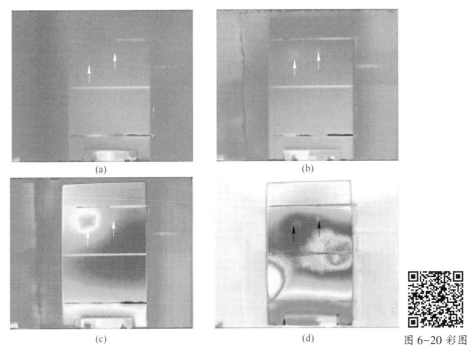

(a)   (b)

(c)   (d)   图 6-20 彩图

图 6-20   Infrared 光锁相红外热成像技术对多晶硅电池 B 的检测

（a）加+0.5V 的正向偏压；（b）加-0.5V 的反向偏压；（c）加-8V 的反向偏压；（d）加-16V 的反向偏压

好与图 6-21（a）的亮区域所对应，并且与锁相红外热成像技术检测到的漏电区域一致。图 6-21（c）框内的亮区域与图 6-21（d）框内的暗区域都对应着人为破坏的区域。由以上分析可知，缺陷区域与锁相红外热成像技术检测到的热像图漏电区域一致，Corescan 检测能够很好地验证本试验方法的实用性与可靠性。

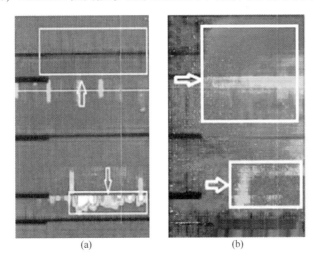

(a)   (b)

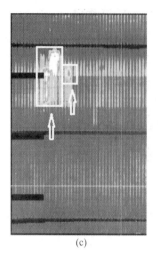

图 6-21 彩图

图 6-21　用 corescan 方法检测多晶硅太阳能电池

此外，Corescan 还能够检测多晶硅太阳能电池样品的开路电压（U_{oc}）与光束诱导电流（LBIC），粗略评价太阳能电池样品质量的好坏。

6.5.4　多晶硅太阳能电池的温度-时间图像分析

以多晶硅太阳能电池样品 A 为例，探究其温度-时间的变化关系。为了使缺陷状态显现得更加明显，仍然选用所加偏压最高的热像图（即 -13V 偏压），分别采用暗电流锁相技术、LED 光锁相技术以及 Infrared 光锁相技术检测温度-时间图像。图中坐标与各曲线表示含义与 6.4.4 节相同。如图 6-22（a）所示的温度-时间曲线，高温曲线在 34℃ 处上下浮动，低温曲线在 7℃ 处上下浮动，但由于高温曲线的浮动平缓，所以检测到的缺陷信号很微弱。由图 6-22（b）可知，高温曲线在 45℃ 处上下浮动，低温曲线在 5~20℃ 区间上下浮动，对比图 6-22（a）和（b）能够发现，温度曲线对应的温度坐标明显上升，因此加 LED 灯光照明显增加了电池表面的温度。此外，从起伏情况也可以观察到，LED 灯光照能够更加清晰地显示缺陷。图 6-22（c）为红外灯光照射下的光锁相技术检测电池样品的温度-时间图像，高温曲线在 34.5℃ 处上下浮动，低温曲线在 29℃ 处上下浮动，高温曲线的浮动很明显，说明此多晶硅太阳能电池样品存在很多的缺陷区域。此外，图像中高温与低温曲线有一定的温度差，图 6-22（a）的温度差为 27℃，图 6-22（b）的温度差为 33℃，图 6-22（c）的温度差为 4.5℃，高温与低温曲线的温度差也代表了缺陷点与非缺陷点的温度差，温度差越大，缺陷处与非缺陷处的差异也越明显，缺陷点更容易被热像仪捕捉到。

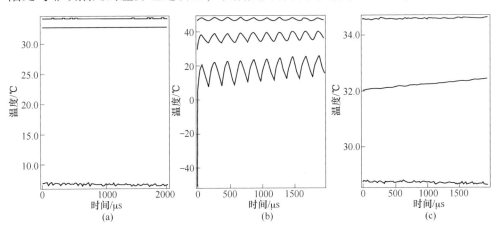

图 6-22 多晶硅太阳能电池样品 A 的温度–时间图像

（a）暗电流锁相技术；（b）LED 光锁相技术；（c）Infrared 光锁相技术

6.5.5 多晶硅太阳能电池缺陷的计算

以多晶硅太阳能电池样品 B 为例，选取的锁相频率仍为 5Hz，所以 $f_m = 5\text{Hz}$，调制周期为

$$T_m = \frac{1}{f_m} = \frac{1}{5} = 200\text{ms}$$

在热像图上选取人为的破坏点 R_1，如图 6-23（a）所示。导出相应的温度–时间数据，在同一像素点处，选择同一周期的 4 个温度–时间数据，如表 6-4 所示。

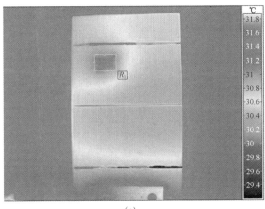

（a）

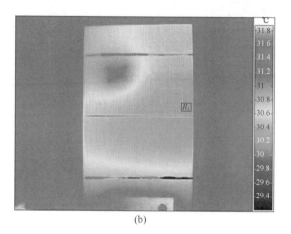

(b)

图 6-23 彩图

图 6-23 多晶硅太阳能电池 B 热像图

（a）缺陷点 R_1；（b）正常点 R_2

表 6-4 缺陷点温度-时间数据

周期/ms	50	100	150	200
温度/℃	31.34	31.40	31.30	31.46

由式（6-9），有

$$A = \sqrt{[S_3(x_1) - S_1(x_1)]^2 + [S_4(x_1) - S_2(x_1)]^2}$$
$$= \sqrt{(31.30 - 31.34)^2 + (31.46 - 31.40)^2}$$
$$= 0.0052\text{mm}$$
$$= 5.2\mu\text{m}$$

即此缺陷的振幅为 5.2μm，缺陷点在距离表面 5.2μm 位置。由于人为破坏在多晶硅太阳能电池的表面，所以划刻深度为 5.2μm，有效地证明了此算法的正确性。

由式（6-10），有

$$\phi = \arctan \frac{S_3(x_1) - S_1(x_1)}{S_4(x_1) - S_2(x_1)}$$
$$= \arctan \frac{31.30 - 31.34}{31.46 - 31.40}$$
$$= \arctan(-0.67)$$
$$= -33.69°$$

即缺陷点的相位为-33.69°。

任意选取另一处无缺陷点的位置 R_2，如图 6-23（b）所示，导出相应的温度-时间数据，在同一像素点处，选择同一周期的 4 个温度-时间数据，如表 6-5 所示。

表 6-5 无缺陷点温度-时间数据

周期/ms	50	100	150	200
温度/℃	31.34	31.16	31.28	31.18

由式（6-10），有

$$\phi = \arctan \frac{S_3(x_1) - S_1(x_1)}{S_4(x_1) - S_2(x_1)}$$

$$= \arctan \frac{31.28 - 31.34}{31.18 - 31.34}$$

$$= \arctan(-0.375)$$

$$= 20.56°$$

即无缺陷处的相位为 20.56°。

由式（6-11），有

$$\Delta\phi = \phi_d - \phi$$

$$= -33.69° - 20.56°$$

$$= -54.25°$$

即相位差为 -54.25°。

6.6 锁相红外热成像法对薄膜硅太阳能电池的检测

6.6.1 暗电流锁相红外热成像技术对薄膜硅电池的检测

把待测薄膜硅太阳能电池样品（尺寸为 178mm×40mm）用样品支架固定在水平桌面上，保证薄膜太阳能电池样品有栅线的一面对准热像仪的镜头，并使热像仪能收集到整个薄膜太阳能电池样品的温度，具体对薄膜太阳能电池样品施加的条件及产生的效果如下：

将薄膜太阳能电池样品引出两个电极，用直流稳压电源对薄膜太阳能电池样品加偏压。首先，对薄膜太阳能电池样品加 +0.5V 的正向偏压，红外热像仪记录的图像通过计算机软件上调色板调节后，观察到栅线上出现了亮点，见图 6-24（a）箭头所指处。将电源的两极反接，即对电池样品加 -0.5V 的反向偏压，右侧边沿处出现了亮点，见图 6-24（b）箭头所指处。通过两热像图上的亮点对比分析可知，此处的漏电流为非线性漏电流。

旋动直流稳压电源的旋钮，增加电压激励，使外加反向偏压大于 0.5V，这

(a)　　　　　　　　　　　　　　　　(b)

(c)　　　　　　　　　　　　　　　　(d)　　　　　　　　图 6-24 彩图

图 6-24　暗电流锁相红外热成像技术对薄膜硅电池的检测

(a) 加+0.5V 的正向偏压；(b) 加-0.5V 的反向偏压；(c) 加-6V 的反向偏压；(d) 加-10V 的反向偏压

时，扩散电流成为太阳能电池内的主要电流，增加反向偏压至-6V，箭头所指处的亮点增加并变得清晰，如图 6-24（c）所示。继续增加反向偏压至此薄膜太阳能电池样品能够承受的最大电压，通过多次旋动直流稳压电源的旋钮，发现此电池所能加到的最大反向偏压为-10V，热像图上又增加多处亮区域，见图 6-24（d）箭头所指处。可知，随着外加电压的增加，漏电流显现得更多、更明显。

6.6.2　LED 光锁相红外热成像技术对薄膜硅电池的检测

对同一块薄膜硅太阳能电池进行检测，把两个 150W 的 LED 灯的电源与锁相器连接，以便控制光源发出周期性信号，具体施加的条件及产生效果如下：首先对其加+0.5V 的正向偏压，箭头所指处的细栅线区域呈现出红色，如图 6-25（a）所示。与图 6-24（a）不加光照时的图像对比，漏电流的点显现得更加明显。将电源的两端反接，即对其加-0.5V 的反向偏压，箭头所指处偏红，如图6-25（b）所示。

继续增加反向偏压，为了方便对比，施加的条件与 6.6.1 节相同，旋动直流稳压电源的旋钮，增加反向偏压至-6V，箭头所指处的亮点增加，并且亮点变得清晰、明亮，如图 6-25（c）所示。继续增加反向偏压至-10V，亮处又增加了 3

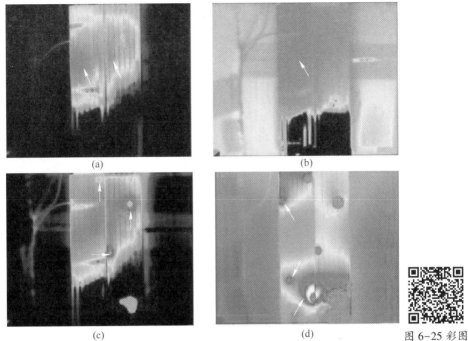

图 6-25　LED 光锁相红外热成像技术对薄膜硅电池的检测

（a）加+0.5V 的正向偏压；（b）加-0.5V 的反向偏压；（c）加-6V 的反向偏压；（d）加-10V 的反向偏压

处，见图 6-25（d）箭头所指处。由此可知，随着外加电压的增加，漏电流显现得更多、更明显。

6.6.3　Infrared 光锁相红外热成像技术对薄膜硅电池的检测

对同一块薄膜硅太阳能电池样品进行检测，把两个 LED 光源换成两个 850nm 的红外灯光源，将其与锁相器连接，以便于控制红外光源发出周期性信号。具体的施加条件及产生的效果如下：首先对薄膜电池样品加+0.5V 正向偏压，图像上出现大的偏红的区域，如图 6-26（a）所示。将电源的两端反接，即对其加 -0.5V 的反向偏压，观察到图像上箭头所指处出现亮点，如图 6-26（b）所示，与图 6-26（a）对比，箭头所指处的漏电流均为非线性漏电流。

继续增加反向偏压，施加的条件与 6.6.1 节相同，旋动直流稳压电源的旋钮，增加反向偏压至-6V，与图 6-26（b）相比亮点增加，如图 6-26（c）所示，箭头所指处即为新检测到的漏电点。继续增加反向偏压至-10V，亮点数量继续增加，见图 6-26（d）箭头所指处。与图 6-25（d）不加光照时的热像图相比，多了几处漏电点。与图 6-25（d）LED 灯锁相技术检测到的热像图相比，也多了几处漏电流。由此可知，加红外灯光激发能够发现更多的漏电流区域。

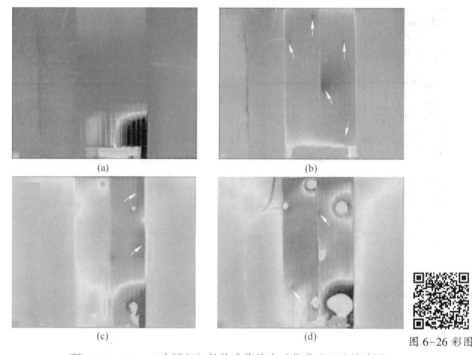

图 6-26 彩图

图 6-26 Infrared 光锁相红外热成像技术对薄膜硅电池的检测

（a）加+0.5V 的正向偏压；（b）加-0.5V 的反向偏压；（c）加-6V 的反向偏压；（d）加-10V 的反向偏压

6.6.4 薄膜硅太阳能电池的温度-时间图像分析

　　为了使缺陷状态显现得更加明显，仍然选用所加偏压最高的热像图（即-10V 偏压），使用暗电流锁相技术、LED 光锁相技术以及 Infrared 光锁相技术检测温度-时间图像。图中坐标与各曲线表示含义与 6.6.1 节相同。图 6-27（a）为暗电流锁相技术检测电池样品得到的温度-时间曲线，高温曲线在 37℃ 处上下浮动，低温曲线在 35℃ 处上下浮动，高温曲线存在几处突变位置，突变位置即对应着检测到的缺陷。如图 6-27（b）所示，高温曲线在 64℃ 处上下浮动，低温曲线在 36℃ 区间上下浮动，对比图 6-27（a）和（b）能够发现，温度曲线对应的温度坐标明显上升，因此加 LED 灯光照明显增加了电池表面的温度，从起伏情况也可以观察到，加 LED 灯光照能够更清晰地显示缺陷。图 6-27（c）为红外灯光照射下的光锁相技术检测电池样品的温度-时间图像，高温曲线在 38℃ 处上下浮动，低温曲线在 35℃ 处上下浮动，高温曲线的浮动很明显，说明此薄膜太阳能电池样品存在很多的缺陷区域。此外，图像中高温与低温曲线有一定的温度差，图 6-27（a）的温度差为 2℃，图 6-27（b）的温度差为 28℃，图 6-27（c）的温度差为 3℃，高温与低温曲线的温度差也代表了缺陷点与非缺陷点的温度差，温度差越明显，缺陷处与非缺陷处的差异也越大，缺陷点更容易被热像仪捕捉到。

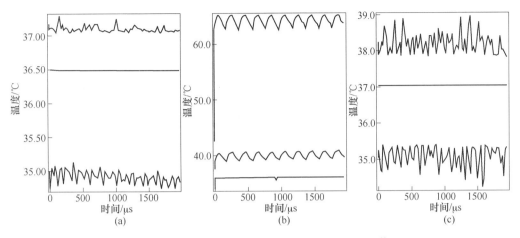

图 6-27 薄膜硅太阳能电池样品的温度-时间图像

（a）暗电流锁相技术；（b）LED 光锁相技术；（c）Infrared 光锁相技术

6.6.5 薄膜硅太阳能电池缺陷的计算

选取薄膜硅太阳能电池检测时的锁相频率 $f_L = 5Hz$，此时调制频率 $f_m = 5Hz$，调制周期为

$$T_m = \frac{1}{f_m} = \frac{1}{5} = 200ms$$

在热像图上选取任一缺陷点 R_1，如图 6-28（a）所示。导出相应的温度-时间数据，在同一像素点处，选择同一周期的 4 个温度-时间数据，如表 6-6 所示。

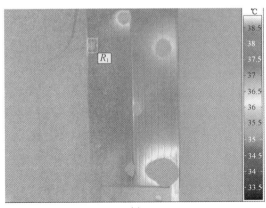

（a）

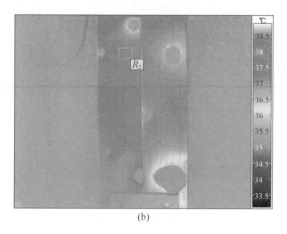

图 6-28 彩图

(b)

图 6-28 薄膜硅太阳能电池 B 热像图

（a）缺陷点 R_1；（b）正常点 R_2

表 6-6 缺陷点温度-时间数据

周期/ms	50	100	150	200
温度/℃	36.93	37.00	37.04	37.10

由式（6-9），得

$$A = \sqrt{[S_3(x_1) - S_1(x_1)]^2 + [S_4(x_1) - S_2(x_1)]^2}$$
$$= \sqrt{(37.04 - 36.93)^2 + (37.10 - 37.00)^2}$$
$$= 0.1487\text{mm}$$
$$= 148.7\mu\text{m}$$

即此缺陷的振幅为 148.7μm，缺陷点在距离表面 148.7μm 位置，有效地检测了薄膜硅太阳能电池表面以下深度的信息。

由式（6-10），得

$$\phi = \arctan \frac{S_3(x_1) - S_1(x_1)}{S_4(x_1) - S_2(x_1)}$$
$$= \arctan \frac{37.04 - 36.93}{37.10 - 37.00}$$
$$= \arctan(1.1)$$
$$= 47.73°$$

即缺陷点的相位为 47.73°。

任选另一处无缺陷点的位置 R_2，如图 6-28（b）所示，导出相应的温度-时间数据，在同一像素点处，选择同一周期的 4 个温度-时间数据，如表 6-7 所示。

表 6-7　无缺陷点温度-时间数据

周期/ms	50	100	150	200
温度/℃	31.34	31.16	31.28	31.18

由式（6-10），得

$$\phi = \arctan \frac{S_3(x_1) - S_1(x_1)}{S_4(x_1) - S_2(x_1)}$$

$$= \arctan \frac{36.88 - 36.86}{36.89 - 36.87}$$

$$= \arctan(1)$$

$$= 45°$$

即无缺陷处的相位为 20.56°。

由式（6-11），得

$$\Delta\phi = \phi_d - \phi$$

$$= 47.73° - 45°$$

$$= 2.73°$$

即相位差为 2.73°。

6.7　总　结

（1）采用两种不同的锁相红外热成像技术对样品进行检测，分别为暗电流锁相红外热成像技术和光锁相红外热成像技术。在暗电流锁相红外热成像检测技术中，对太阳能电池加+0.5V 的正向偏压与-0.5V 的反向偏压，分析判断漏电流为线性漏电流或是非线性漏电流。对样品继续加 0~30V 的反向偏压，并得出结论：反向偏压施加的越大，检测到的缺陷越明显，并且能够检测出更微小的缺陷。在光锁相红外热成像检测技术中，分别选用两个 150W 的 LED 灯和两个 850nm 的红外灯对电池样品进行均匀照射，观察分析两种灯照射下的热像图。LED 灯可使电池样品升温更快，缺陷处显现得更明显；而红外灯则能够检测到 LED 灯检测不到的缺陷。

（2）对于热像图的分析，由于缺陷位置会聚集大量的热量，所以缺陷位置显示亮点或亮斑。所采用的检测方法对缺陷位置进行了具体定位，对其可能造成缺陷的原因进行了分析，并对不同条件检测到的热像图进行对比。基于上述分析得出结论：光锁相红外热成像检测技术能更有效地检测出缺陷区域。

（3）对于温度-时间坐标图的分析，通过 IRBIS 软件导出样品在检测时的温度随着时间变化的坐标图，分析样品表面温度的变化情况，高温曲线反映了缺陷的信息，曲线上的突变对应着缺陷位置。并且通过分析高温曲线与低温曲线的差值，判断差值越大，缺陷显现得越明显。

（4）进一步采用 Corescan 检测仪对同一太阳能电池样品进行检测，验证了锁相红外热成像技术检测方法的有效性和可靠性。

参 考 文 献

[1] LI Y H, PAN M, PANG A S, et al. The application of electroluminescence imaging to detection the hidden defects in silicon solar cells [J]. Chinese Journal of Luminescence, 2011, 32 (4): 378-382.

[2] PYSCH D, METTE A, GLUNZ S W. A review and comparison of different methods to determine the series resistance of solar cells [J]. Solar Energy Materials & Solar Cells, 2007, 91 (18): 1698-1706.

[3] KIM Y S, KANG S M, JOHNSTON B, et al. A novel method to extract the series resistances of individual cells in a photovoltaic module [J]. Solar Energy Materials & Solar Cells, 2013, 115 (8): 21-28.

[4] ORTIZ-CONDE A, GARCIA-SáNCHEZ F J, BARRIOS A T, et al. Approximate analytical expression for the tersminal voltage in multi - exponential diode models [J]. Solid - State Electronics, 2013, 89 (11): 7-11.

[5] BOUZIDI K, CHEEGAAR M, BOUHEMADOU A. Solar cells parameters evaluation considering the series and shunt resistance [J]. Solar Energy Materials & Solar Cells, 2007, 91 (18): 1647-1651.

[6] CHUNG T, WANG C H, CHANG K J, et al. Evaluation of the spatial distribution of series and shunt resistance of a solar cell using dark lock-in thermography [J]. Journal of Applied Physics, 2014, 115 (3): 034901.

[7] PENG L, SUN Y, MENG Z, et al. A new method for determining the characteristics of solar cells [J]. Journal of Power Sources, 2013, 227 (1): 131-136.

[8] 魏晋云. 太阳电池效率与串联电阻的近似指数关系 [J]. 太阳能学报, 2004, 25 (3): 356-358.

[9] 王军, 王鹤, 杨宏. 太阳电池串联电阻的一种精确算法 [J]. 电源技术, 2008, 32 (10): 681-683.

[10] MINTAIROV M A, EVSTROPOV V V, KALYUZHNYI N A, et al. Photoelectric determination of the series resistance of multijunction solar cells [J]. Semiconductors, 2012, 46 (8): 1051-1058.

[11] D'ALESSANDRO V, GUERRIERO P, DALIENTO S, et al. A straightforward method to extract the shunt resistance of photovoltaic cells from current-voltage characteristics of mounted arrays [J]. Solid-State Electronics, 2011, 63 (1): 130-136.

[12] 魏晋云. 太阳电池填充因子与并联电阻的指数关系 [J]. 云南师范大学学报, 2013, 33 (5): 38-40.

[13] 刘慧, 刘俊岩, 王扬. 超声锁相热像技术检测接触界面类型缺陷 [J]. 光学精密工程, 2010, 18 (3): 653-661.